沙县地方风味菜肴制作与经营

郑寿儿　主　编

郑君强　副主编

林添雄　肖家盛　黄桂飞　参　编

北京理工大学出版社
BEIJING INSTITUTE OF TECHNOLOGY PRESS

内 容 简 介

本书在对沙县地方风味菜肴的源流探寻、经济人文背景、制作技艺进行详细介绍的基础上，深入探讨了餐饮企业经营需要的食品雕刻、盘饰等技术，以及餐饮企业成本计算与管理、经营模式与服务程序、现代厨房管理等内容，图文并茂，简繁适当，具有很强的实用性。

本书可作为中等职业技术学校学生学习地方菜系的教材，也可供从事沙县地方菜肴经营的有关人士参考使用。

图书在版编目（CIP）数据

沙县地方风味菜肴制作与经营/郑寿儿主编. —北京：北京理工大学出版社，2023.8 重印
ISBN 978-7-5682-6532-4

Ⅰ. ①沙…　Ⅱ. ①郑…　Ⅲ. ①闽菜－烹饪－方法－沙县－中等专业学校－教材　②餐馆－经营管理－沙县－中等专业学校－教材　Ⅳ. ①TS972.182.574　②F726.93

中国版本图书馆 CIP 数据核字（2018）第 280413 号

出版发行 / 北京理工大学出版社有限责任公司
社　　址 / 北京市海淀区中关村南大街 5 号
邮　　编 / 100081
电　　话 /（010）68914775（总编室）
（010）82562903（教材售后服务热线）
（010）68944723（其他图书服务热线）
网　　址 / http://www.bitpress.com.cn
经　　销 / 全国各地新华书店
印　　刷 / 定州市新华印刷有限公司
开　　本 / 787 毫米×1092 毫米　1/16
印　　张 / 7.25
字　　数 / 163 千字
版　　次 / 2023 年 8 月第 1 版第 2 次印刷
定　　价 / 38.00 元

责任编辑 / 陆世立
文案编辑 / 陆世立
责任校对 / 周瑞红
责任印制 / 边心超

前言

中国菜肴在发展过程中形成了八大菜系，闽菜是其中之一，沙县地方风味菜肴则是闽菜的一个分支，在餐饮市场中绽放出璀璨光彩。三明市农业学校是一所位于沙县的国家级重点中等职业学校、国家示范学校，学校按照“科教兴国”战略，发挥人才、技术、设备和信息优势，组织教师参与地方经济建设，为全面建成小康社会服务；积极实践“稳定中专，向两头延伸，将工作重心下沉”的办学思路；扎根于沙县深厚的饮食文化土壤，学校设有中餐烹饪（含沙县小吃）专业，旨在培养具有一定理论基础和扎实实践能力的中餐烹饪人才。基于此，编写一部融沙县地方风味菜肴制作和现代厨房管理于一体的教材显得尤为重要。

编者集合学校具有丰富教学经验和实操经验的多位教师，凝练专业教学特色，编写了本书。本书具有以下特色。

第一，具有浓厚的本土特色，对沙县地方风味菜肴的渊源、经济人文背景、制作技艺进行了详细介绍，能使学生对其有初步的认识。

第二，对餐饮企业成本计算与管理、经营模式与服务程序、现代厨房管理等进行了深入探讨，不但要使学生成为中餐烹饪能手，而且为其将来的职业发展拓宽方向。

第三，根据餐饮行业实际，合理设计教材内容，力求使本书具有鲜明的时代特征。同时在编写过程中，严格贯彻国家有关技术标准的要求。

第四，尽可能使用实物照片将相关知识点生动地展示出来，力求给学生营造一个更加直观的认知环境。

本书由三明市农业学校郑寿儿（高级技师）任主编，郑君强（高级讲师）任副主编，具体编写分工如下：郑寿儿编写第 3 章、第 10 章、第 11 章，郑君强编写第 1 章和第 9 章，林添雄（高级技师）编写第 5 章和第 6 章，肖家盛（技师）编写第 2 章和第 4 章，黄桂飞（技师）编写第 7 章和第 8 章。全书由郑寿儿负责拟定大纲和统稿。

编者在编写本书的过程中得到了三明市农业学校领导和同事的大力支持和协助，在此表示诚挚的谢意。同时，编者还参考了有关文献资料，在此对相关作者表示衷心感谢。

由于编者能力有限，加之时间仓促，书中难免存在不足之处，敬请各位读者谅解，并给予指正。

编者

目　录

第 1 章　沙县地方菜肴的起源与传统宴席风俗 …… 1

1.1　沙县地方菜肴的起源与特点 …… 1

1.2　沙县传统宴席风俗 …… 2

1.3　沙县各类传统宴席菜谱 …… 3

第 2 章　冷菜制作技艺 …… 5

2.1　冷盘制作 …… 5

2.2　沙县板鸭 …… 6

2.3　白斩类菜肴 …… 6

2.3.1　蒜香白斩鸭 …… 6

2.3.2　干蒸全番 …… 7

2.3.3　白斩鸡 …… 8

2.4　熏制类菜肴 …… 9

2.4.1　熏鸭 …… 9

2.4.2　熏兔 …… 9

第 3 章　热菜制作技艺 …… 11

3.1　油炸类菜肴 …… 11

3.1.1　沙县炸糟鱼 …… 11

3.1.2　沙县鱼肝花 …… 12

3.1.3　沙县龙凤腿 …… 12

3.1.4　油烧鸡 …… 13

3.1.5　油烧鸭 …… 13

3.1.6　香酥茄盒 …… 14

3.2　糖醋类菜肴 …… 15

3.2.1　松鼠鱼 …… 15

3.2.2　糖醋菊花鱼 …… 15

3.2.3 糖醋里脊……16
3.2.4 爆炒腰花……17
3.2.5 爆炒鱿鱼……17
3.2.6 醉蟹……18
3.3 清蒸类菜肴……18
3.3.1 酒香鸡……18
3.3.2 糟香猪手……18
3.3.3 米粉蒸肉……19
3.3.4 红酒粉蒸肉……19
3.4 扣烧类菜肴……20
3.4.1 葱香排骨……20
3.4.2 洋烧排……20
3.5 豆腐类菜肴……21
3.5.1 清炒腐竹……21
3.5.2 洪武豆腐……22
第 4 章 汤菜制作技艺……23
4.1 包心类菜肴……23
4.1.1 沙县包心鱼丸……23
4.1.2 包心淮山丸……24
4.1.3 包心豆腐丸……24
4.1.4 沙县小长春……25
4.1.5 红菇淮山丸……26
4.2 清炖类菜肴……26
4.2.1 红菇月子鸡……26
4.2.2 凤吞冬菇……27
4.2.3 香芋炖全番……27
4.3 药膳类菜肴……28
4.3.1 草根猪脚……28
4.3.2 草根鸭雄……29
4.3.3 草根兔子……30
4.3.4 栀子根炖鸭……30
4.4 羹汤类菜肴……31
4.4.1 鱼泡酸辣汤……31
4.4.2 猪皮酸辣汤……32
4.4.3 芙蓉蛋……32

第5章 夏茂风俗特色菜肴 34
5.1 小吃类菜肴 34
5.1.1 米浆灌猪肺 34
5.1.2 夏茂灌血肠 34
5.1.3 米浆牛红 35
5.2 凉拌类菜肴 36
5.2.1 白灼牛肚边 36
5.2.2 凉拌牛百叶 36
5.2.3 凉拌牛肉 37
5.2.4 白切牛腱肉 37
5.2.5 白卤金钱肚 38
5.3 红烧类菜肴 38
5.3.1 赛熊掌（牛蹄） 38
5.3.2 红烧牛尾 39
5.3.3 红烧牛角膜 40
5.3.4 干烧牛蹄筋 40
5.3.5 红烧牛排 41
5.4 药膳类菜肴 41
5.4.1 药膳牛鞭 41
5.4.2 药膳牛腩 42
5.5 汤羹类菜肴 42
5.5.1 牛肉丸 42
5.5.2 红菇牛脑 43
第6章 沙县炖罐系列 44
6.1 炖罐概述 44
6.2 天麻猪脑盅 44
6.3 茶树菇排骨盅 45
6.4 花旗参乳鸽盅 45
6.5 黄花菜根瘦肉盅 46
6.6 莲子猪肚盅 46
6.7 石橄榄鸭母盅 47
第7章 食品雕刻 48
7.1 食品雕刻概述 48
7.1.1 食品雕刻的意义 48

7.1.2 如果学好食品雕刻……48
7.2 食品雕刻常用原料……48
7.2.1 食品雕刻常用蔬菜品种……48
7.2.2 选用食品雕刻原料的原则……49
7.2.3 食品雕刻的原料、成品和半成品的保管……49
7.3 食品雕刻的类型与特点……49
7.4 食品雕刻的运用与注意事项……50
7.4.1 食品雕刻在菜肴中的运用……50
7.4.2 食品雕刻前的注意事项……51
7.4 花卉及水果类食品雕刻的技艺与实例……51
7.5 食品雕刻的手法……54
第8章 盘饰造型艺术……56
8.1 盘饰设计的基本方法……56
8.1.1 盘饰设计的原则……56
8.1.2 盘饰设计的形式……56
8.2 盘饰设计的种类……58
8.2.1 立体雕刻盘饰……58
8.2.2 面塑盘饰……62
8.2.3 糖艺盘饰……62
8.2.4 西餐盘饰……63
8.2.5 果酱画盘饰……63
8.2.6 模具喷粉盘饰……71
8.2.7 其他盘饰设计……71
第9章 餐饮成本核算知识……73
9.1 成本概述……73
9.1.1 成本……73
9.1.2 餐饮成本……73
9.1.3 成本核算……73
9.2 出材率与损耗率……75
9.2.1 出材率……75
9.2.2 损耗率……76
9.2.3 出材率与损耗率的关系……76
9.3 原材料成本计算……77
9.3.1 生料的单位成本计算……77

9.3.2 半成品（熟品）的单位成本计算……78
9.4 成品成本计算……79
9.4.1 单位成品的成本计算……79
9.4.2 菜点总成本的计算……80
9.5 菜点价格的计算……80
9.5.1 价格构成的特殊性……80
9.5.2 价格的制定方法……80
9.5.3 产品定价程序……81
9.5.4 毛利率……81
9.5.5 菜点价格的计算……82
第10章 餐饮企业的经营模式与服务程序……85
10.1 餐厅开业前的市场调查……85
10.1.1 目标市场地理环境……85
10.1.2 行业环境分析……85
10.1.3 市场分析……86
10.2 餐饮企业的经营模式……88
10.2.1 餐厅经营方式转变的原因……88
10.2.2 转变经营方式的途径……88
10.2.3 现代餐厅经营方式……89
10.3 中餐宴会的服务程序……91
10.3.1 宴会预订……91
10.3.2 宴会前的准备工作……92
10.3.3 迎宾工作……94
10.3.4 就餐服务……94
10.3.5 结束工作……95
第11章 现代厨房管理……97
11.1 现代厨房管理的重点……97
11.1.1 明确管理流程……97
11.1.2 顺应潮流，注重创新……98
11.1.3 重视品牌菜的打造……98
11.1.4 严格的管理制度和明确的业务要求……98
11.1.5 岗位分工合理明确……98
11.1.6 制度完善……99
11.1.7 人员配备……99
11.1.8 成本管理……99

11.1.9 部门协调 …… 99

11.2 厨房成本控制 …… 100

11.2.1 影响厨房成本的因素 …… 100

11.2.2 厨房成本控制方法 …… 101

11.3 厨房各岗位职责 …… 102

11.3.1 行政总厨 …… 102

11.3.2 厨师长 …… 102

11.3.3 冷菜主管 …… 103

11.3.4 面点主管 …… 103

11.3.5 锅台主管 …… 104

11.3.6 砧板主管 …… 104

11.3.7 上什主管 …… 105

11.3.8 打荷主管 …… 105

第1章　沙县地方菜肴的起源与传统宴席风俗

1.1　沙县地方菜肴的起源与特点

中国菜肴在流传中分为许多流派，其中公认的具有代表性的菜系有鲁菜、粤菜、川菜、苏菜、浙菜、皖菜、湘菜、闽菜，即人们常说的“八大菜系”。一个菜系的形成与悠久的历史和独到的烹饪特色是分不开的，同时也深受这个地区自然地理、气候条件、资源特产、饮食习惯等的影响。

闽菜是我国“八大菜系”之一，经过中原汉族文化和当地古越族文化的融合、交流而逐渐形成。福建是我国著名的侨乡，旅外华侨从海外引进的新品种食品和一些新奇的调味品，对丰富福建饮食文化、充实闽菜体系有着不容忽视的影响。福建人民经过与海外，特别是东南亚人民的长期交流，海外的饮食习俗逐渐渗透到闽人的饮食生活之中，从而使闽菜成为一种具有开放特色的独特菜系。

早在两晋南北朝时期，大批中原衣冠士族入闽，带来了中原先进的科技文化，其与闽地古越文化的融合和交流，促进了当地饮食文化的发展。晚唐五代，河南光州固始的王审知兄弟率军建立“闽国”，对福建饮食文化的进一步开发、繁荣产生了积极的作用。例如，在唐代以前中原地区已开始使用红曲（红糟）作为烹饪的作料。唐朝徐坚的《初学记》云：“瓜州红曲，参糅相半，软滑膏润，入口流散。”红糟由中原移民带入福建后，在闽菜中大量使用，从而使红色成为闽菜烹饪美学中的主要色调，有特殊香味的红糟也成了烹饪时常用的作料，红糟鱼、红糟鸡、红糟肉等都是闽菜的代表菜肴。福州、厦门、泉州先后对外通商，四方商贾云集，中外文化交流日益频繁，海外的烹饪技艺也相随传入。闽菜在继承传统烹饪技艺的基础上，博采各路菜肴之精华，对粗糙、滑腻的饮食习俗加以调整，逐渐朝着精细、清淡、典雅的品格演变，后续发展成为格调甚高的闽菜体系。

闽菜由福州菜、闽南菜和闽西菜三路不同风味的地方菜系组合而成。

福州菜是闽菜的主流，除盛行于福州外，也在闽东、闽中、闽北一带广泛流传。其菜肴特点是清爽、鲜嫩、淡雅，偏于酸甜，汤菜居多。福州菜善于用红糟为作料，尤其讲究调汤，予人“百汤百味”和糟香袭鼻之感，如“茸汤广肚”“肉米鱼唇”“鸡丝燕窝”“鸡汤汆海蚌”“煎糟鳗鱼”“淡糟鲜竹蛏”等菜肴，均具有浓厚的地方色彩。

闽南菜盛行于厦门和晋江、尤溪地区，东及台湾省，其菜肴特点是鲜醇、香嫩、清淡，并以讲究作料、善用香辣而著称，在使用沙茶、芥末、橘汁及药材、佳果等方面均有独到之处，如“东譬龙珠”“清蒸加力鱼”“炒沙茶牛肉”“葱烧蹄筋”“当归牛腩”“嘉禾脆皮鸡”等菜肴，都较为突出地反映了闽南地区的浓郁食趣。

闽西菜盛行于“客家话”地区，其菜肴特点是鲜润、浓香、醇厚，以烹制山珍野味见长，略偏咸、油，善用生姜，在使用香辣作料方面更为突出，如“爆炒地猴”“烧鱼白”“油焖石鳞”“炒鲜花菇”“蜂窝莲子”“金丝豆腐干”“麒麟象肚”“涮九品”，均鲜明地体现了山乡的传统食俗和浓郁的地方色彩。

沙县地处戴云山脉与武夷山脉之间的闽中腹地，位于闽江支流沙溪下游，西邻三明市，东接南平市。沙溪流经沙县全境，地势自东南向西北由两侧向中间倾斜。沙县，古名沙阳，简称虬，又叫虬城，启域于东晋，建县于南朝刘宋元嘉年间（424—453年），迄今已有近1600年历史。沙县自古即为闽西北重要的商品集散地，永安、三元、明溪，甚至汀州一带的大米、木材、笋干、茶叶等产品大量汇集到沙县，通过沙溪、闽江运至福州。当时的沙县可谓是“江中百舸争流，陆上商贾云集”。四面八方的商人到沙县寻找商机，开拓商路：汀州人来此设厂造纸；闽南人来此开茶厂；江西人来此贩卖药材，经营布匹；莆田人来此经营鱼货干果；江浙人以经营山货（香菇、笋干）见长；福州人的“三把刀”（菜刀、剪刀、剃头刀）几乎垄断了沙县的饮食业和服务业。南北兼具，东西杂糅，四方交汇，因此，沙县饮食文化五味调和，既有福州、闽南沿海一带的特点，又有汀州一带客家的饮食风格。

1.2 沙县传统宴席风俗

沙县人口味偏淡，喜糖醋、酸辣，宴请菜肴中糖醋菜、酸辣汤必不可缺。20 世纪 90 年代以前，沙县人宴请都在家里操办，谁家有事，亲朋好友都会赶来帮忙。沙县传统宴席中，冷拼、太平蛋、主食、甜汤、甜点、水果是必上的菜肴，沙县居民有一部分从福州迁来，沙县民间风俗受福州风俗影响极大。太平蛋更是人们日常生活中常见的社会应酬食品。每逢结婚嫁女、生辰做寿、接风洗尘、送行相亲、待客办事、压惊压祟等，均要吃太平蛋，而且太平蛋在酒席中作为头菜上席，上太平蛋时，必放鞭炮。沙县传统宴席要上四盘热菜、六碗汤菜，菜肴的分量比较大，要保证客人吃得饱。沙县传统宴席中有婚宴、新郎宴、亲家宴、亲母宴、弥月酒、生日酒、寿宴、七夕酒、乔迁宴、丧宴等。

（1）沙县传统婚宴一般要办三天，男女双方定下结婚日子，头一天都要宴请兄弟姐妹、长辈及帮忙的邻居、朋友，男方称之为“三果礼”，女方称之为“嫁妆酒”。结婚日当天请正餐，婚宴主食要上八宝饭，寓意甜甜蜜蜜。女方的宴席是由男方置办的，厨师、桌椅、餐具等都由男方负责操办，如果女方家路途较远，则按每桌费用折算成现金，提前送到女方家中，由女方家负责操办。第三天，男方要办答谢酒，宴请长辈和帮忙的朋友；女方中午要办一桌“回门酒”，主要是宴请新娘和陪同的女伴。

（2）“新郎宴”是指结婚第三天，新娘回娘家，由男方聘请高级厨师，置办一桌高档宴席，挑到女方家宴请新娘的男性长辈。“亲家宴”是新人结婚一个月后，要置办一桌高档宴席，宴请新娘的男性长辈到家里做客。“亲母宴”是新娘生下孩子后第三天要置办一桌高档宴席，宴请新娘的女性长辈到家里做客。请完“亲母宴”后，新娘的母亲才能到女婿家里帮助女儿坐月子。在沙县传统宴席中，这三种形式的档次规格最高，座位的排列也是最讲究的，摆在正厅的酒桌都是长辈们的，大门进去左侧正中是最大位，右侧正中次之。“新郎

宴”中新郎坐主位，其次是新娘家的亲戚按辈分的高低来安排座位；“亲家宴”中新娘的父亲坐主位，其余男宾按辈分的高低就座，副主位是新郎家男性辈分最高的人，陪同的人数要看新娘家的男宾来人数来决定；“亲母宴”中新娘的母亲坐主位，其他女宾客按辈分的高低就座。这三种形式宴席的菜品要求：八围碟、一冷菜、四大菜、六汤菜、一甜汤、一甜点、八点心和四水果。整鸡、整鸭、整鱼是必上的菜，而且上菜时这三道菜的头都要朝向主人位。太平蛋和蹄髈也是必上菜肴，蹄髈是最后一道上桌的菜，是不能吃的，由亲家、亲家母带回家吃。厨师必须精通此类宴席的规矩，如果不清楚这些习俗，就可能使宴请的贵客不欢而散。

（3）“弥月酒”是沙县人庆祝孩子来到这个世上请的第一次酒，沙县人也称之为“满月酒”。孩子满月这天，孩子的外婆、娘舅会送来新衣服、项链、手镯、红包等，主人要请理发师给孩子剃头发，给邻居、亲朋好友送煮熟的喜蛋和奶芋，沙县人称之为“剃头蛋”“剃头芋”，还要宴请邻居、亲朋好友。沙县人逢 10 过一次生日，但忌讳数字 4，所以沙县人 40 岁是不过生日的。沙县人 60 岁以上过生日称为做寿，一般要提前一年来做。寿宴也要办三天，头一天是“开寿酒”，做寿人的娘家和子女的娘家要挑一担寿桃、寿面前来拜寿，小辈们都要来拜寿给红包。做寿当天是正餐酒，规格要高。第三天是答谢酒，宴请亲戚中的长辈和帮忙的邻居、朋友。这三类宴席，主食都要上长寿面，寓意长命百岁。

（4）农历七月初七是中国传统的七夕节，但沙县过七夕节和其他地方不同，称为乞巧节，家里孩子到了上小学的年纪，在七夕的清晨，家长要让孩子起个大早。他们摆好祭品，外婆赠送的糖塔、书包、课本、算盘等学习用具，以及扇子、水壶、雨伞、新衣服、西瓜、水果、爆米花等，让孩子点燃蜡烛、烧香，拜天地、拜祖宗，然后鸣炮，迎接七夕的到来。乞巧节之后，就让孩子读书写字。仪式结束，把糖塔敲碎，混杂在爆米花和糖果里，分成小包，送给左邻右舍和亲戚朋友，让他们共同分享喜悦。当天晚上家长要宴请亲戚，亲戚也会送红包给孩子表示祝贺。

（5）沙县人搬新家，要选好日子，女主人要到娘家取火种，娘家会送餐具、米冻、豆腐等到女儿新家。清晨，主人搬进新家后，要用从娘家取来的火种生火做饭，把米冻、豆腐、糍粑、“三牲”、水果等摆在客厅供桌上，点燃蜡烛，烧香，拜天地、拜祖宗，然后鸣炮。中午或晚上主人要请原邻居、亲朋好友到新家做客。乔迁宴头道菜要上米冻、豆腐、糍粑，寓意日子越过越富裕，越过越甜蜜。

（6）沙县人办丧事比较烦琐。有人去世后，要马上请道士看日子、设灵堂，看好出殡日子后，头一天要办进棺酒，出殡当天中午是便宴，晚上是宴席，沙县人称之为“出殡酒”。第三天办完酬谢酒后，每逢 7 日都要请道士做道场超度亡灵，做完 7 次道场后，最后一次道场沙县人称为“六十日”，这一天亲戚们都会送来“钱库”，子女要买纸船、纸房子、纸汽车等，一起烧给亡者，主人要设宴招待亲戚，这样，一场丧事才算结束。

1.3　沙县各类传统宴席菜谱

沙县各类传统宴席菜谱如表 1.1 所示。

表 1.1 沙县各类传统宴席菜谱

菜品分类	婚宴	新郎宴、亲家宴、亲母宴	弥月酒、生日酒、寿宴	七夕酒	乔迁宴	丧宴
冷菜	全家福	八彩碟（四荤四素）龙凤呈祥	全家福	全家福	全家福	什锦拼盘
热菜	油烧鸭	兰花全鱼卷	油烧鸡	白片鸭	白斩鸡	香酥鸭
	鱼肝花	香酥龙凤腿	炒肚片	炒鱿鱼（水发）	豆豉蒸鳗	炸糟鱼
	炒目鱼（水发）	葱烧刺参	爆炒腰花	鱼肝花	糖醋全鱼	炒目鱼（水发）
	菊花鱼	脆皮双鸽	洋烧排	炒三丁	洋烧排	炒肚片
汤菜	太平蛋	菊花太平蛋	太平蛋	太平蛋	太平蛋	太平蛋
	红菇鸡	凤吞冬菇	蛏干扣鸭	干贝肚	蛏干肚	红菇鸡
	沙县鱼丸	八宝葫芦鸭	包心鱼丸	红菇鸡	蛏干扣鸭	沙县鱼丸
	莲子肚	清炖水鸡（即位）	清炖水鸡	清炖鳗鱼	清炖水鸡	清炖水鸡
	鱼泡酸辣汤	鱼翅羹汤	鱼肚酸辣汤	鱼泡酸辣汤	鱼肚酸辣汤	猪皮酸辣汤
主食	八宝饭	四喜蒸饺、韭菜酥盒、生煎锅贴、虾仁烧卖 卤味蹄髈、拌面	长寿面	烧卖	煎米冻、烫嘴豆腐、米粉糍粑	荔枝肉拌面
甜汤	花生红枣汤	冰糖哈士蟆（即位）	莲子甜汤	花生红枣汤	莲子甜汤	花生红枣汤
甜点	菜头饼	油酥礼饼	烤蛋糕	蒸蛋糕	油酥礼饼	菜头饼
水果	苹果	苹果、香蕉、香橙、葡萄	桃子	苹果	苹果	苹果

复习思考题

1. 沙县地方的饮食有什么特点？
2. 沙县传统宴席有几种？
3. 沙县传统宴席菜品主要分为哪几大类？

第2章　冷菜制作技艺

2.1　冷盘制作

【品种简介】

冷盘在沙县宴席中是作为头道菜上桌的，在喜宴上称为“全家福”，在丧宴中称为“什锦拼盘”，是由六荤四素组成的冷菜拼盘，近年来改为由8种冷菜组成。其用盐、味精、香料、汤兑好卤汁，俗称老汤，然后把原料放入卤汁中浸泡，使味道渗入原料，有的卤后即食用，有的卤后再进行烹制，如卤猪舌、卤牛肚、卤鸭胗等（图2.1）。

图2.1　冷盘

【制作方法】

卤汁配制：每10斤卤料用葱姜75～100克、冰糖100克、精盐150克、酱油200克。红卤汁用红糟、甘草、桂皮、八角、茴香、草果、花椒、丁香等；白卤汁则不用酱油、红糟和带色的调味品及易褪色的香料。调料兑好后，根据不同原料卤制食品，大火烧开，改用微火，卤制60～120分钟。

工艺流程：原料解冻→修整分割→预煮（调料准备、卤汁配制、加鲜汤熬煮去渣）起锅→卤制→晾凉→成型→成品。

【工艺要点】

（1）焯水：锅中放入清水，加热至沸腾，将漂洗好的原料置于锅中，要求水面高于原料面5～10厘米为准；保持锅内微沸，温度控制在85℃～90℃，时间3～5分钟，并不断撇去水面上的浮沫。

（2）老汤熬制：将老汤加热至沸腾10分钟，检查老汤有无异味，如果无异味，加入香料包。料包每煮8次后更换，新料包必须在老汤内熬制20分钟才可加入卤制原料。

（3）卤制：将原料倒进锅中，要求老汤必须将肉全部淹没，如果原料不足可以按1.3∶1

比例加入汤和原料。加热升温，并不断翻动原料，使原料加热均匀，至再次沸后停止加热，保持 90℃～95℃，75～90 分钟，中间每隔 20 分钟检查一次汤汁温度，并上下均匀翻动原料，当原料中心温度超过 85℃后关火起锅。原料起锅后用漏勺捞出汤中杂质，加入香料包重新加热熬制 20 分钟后起锅，过滤后倒入不锈钢锅中加盖储藏于阴凉处。

（4）晾凉：卤煮好的成品推入冷菜间进行自然冷却，冷菜间温度控制在 18℃以下，要有专用空调、冰箱、菜刀、砧板、工作服、抹布、消毒酒精等。

（5）成型：一般沙县宴席拼盘要用 8 种不同原料卤制而成，要等到宴席开始前 1～2 小时才开始切配、拼摆，太早则容易变味。

2.2 沙县板鸭

【品种简介】

沙县板鸭是沙县农村传统的家庭美食（图 2.2）。其中，一种以夏茂为代表，加工方法一般是将半番鸭抹上盐、姜等作料腌渍后风干、晒干、用木炭烘干，食时蒸熟切块即可，民间称为“夏茂板鸭”。另一种以郑湖为代表，民间称为“腊鸭”，加工方法一般是将半番鸭抹上盐、姜等作料腌渍后风干、晒干、用茶籽壳和茶饼烘干，延长保存期，食时蒸熟切块即可。

【制作原料】

主料：半番鸭，每只重约 5 斤。

配料：蒜头、姜末、辣椒、八角、桂皮、花椒各适量。

调料：精盐、味精各适量。

【制作方法】

（1）将半番鸭宰杀开膛洗净，蒜头去皮捣烂，八角、桂皮、花椒、辣椒切碎，和精盐、味精、姜末搅拌均匀。

（2）用加工好的调料将鸭子全身擦匀，用小竹条将鸭撑开成板状。

（3）经太阳晒至 6 天左右脱水后，地炉中烧木炭或茶籽壳，然后盖上炭灰呈半明火状态，炭上置铁条，将鸭放铁条上烘烤 12 小时左右。注意随时观察翻动，使烘烤均匀，防止烧焦，待呈金黄色取出挂通风处。食用时将板鸭置锅中旺火蒸 10 分钟，取出晾凉后，切成块或片装盘食用。

图 2.2　沙县板鸭

2.3 白斩类菜肴

2.3.1 蒜香白斩鸭

【品种简介】

白斩鸭是粤西的一道地方名菜，传至沙县后经过口味上的改良，成为沙县民间宴席中极受群众喜爱的常见菜品之一，也是酒楼、饭店中的常备菜品（图 2.3）。

【制作原料】

主料：半番鸭 3 斤。

配料：蒜头、香菜、辣椒各适量。

调料：味极鲜酱油、味精、红酒、精盐、白糖、芝麻油各适量。

【制作方法】

（1）将半番鸭宰杀清洗干净待用。

（2）将蒜头放入石臼中加精盐、白糖掏烂成蒜泥。

（3）将鸭子上蒸笼中火蒸 30 分钟取出，沥干水分晾凉待用。

（4）取小碗将蒜泥、味极鲜酱油、味精、红酒、辣椒、芝麻油、鸭汤搅拌均匀。

（5）取圆盘将煮熟的鸭子斩成块装盘，浇上蒜泥汁，撒上香菜段即可。

图 2.3　蒜香白斩鸭

2.3.2　干蒸全番

【品种简介】

干蒸全番是全国各地广泛流传的一道传统菜肴，传至沙县后经过口味上的改良，成为沙县民间宴席中极受群众喜爱的常见菜品之一，也是酒楼、饭店中的常备品种（图 2.4）。

【制作原料】

主料：全番鸭 3 斤。

配料：香葱（打结）、生姜各适量。

调料：味精、红酒、精盐、芝麻油各适量。

【制作方法】

（1）将全番鸭宰杀清洗干净待用。

（2）将味精、红酒、盐、芝麻油均匀涂在全番鸭全身，生姜、香葱结塞入全番鸭腹内腌制 1 小时。

（3）将全番鸭上蒸笼中火蒸 30 分钟取出（视全番鸭老嫩程度确定蒸的时间）。

（4）取圆盘将蒸熟的全番鸭斩成块装盘即可。

图 2.4　干蒸全番

2.3.3　白斩鸡

【品种简介】

白斩鸡是我国广东、上海等地广泛流行的一道传统菜肴，传至沙县后经过口味上的改良，成为沙县民间宴席中极受群众喜爱的常见菜品之一，也是酒楼、饭店中的常备品种（图 2.5）。

【制作原料】

主料：土鸡 3 斤。

配料：香葱（打结）、生姜切片各适量。

调料：味精、红酒、精盐、芝麻油各适量。

【制作方法】

（1）将土鸡宰杀，清洗干净待用。

（2）将味精、红酒、精盐、芝麻油拌均匀涂在土鸡全身，将姜片、香葱结塞入土鸡腹内腌制 1 小时。

（3）将土鸡上蒸笼中火蒸 30 分钟取出（视土鸡老嫩程度确定蒸的时间）。

（4）取圆盘将蒸熟的土鸡斩成块装盘即可。

图 2.5　白斩鸡

2.4　熏制类菜肴

2.4.1　熏鸭

【品种简介】

熏鸭是流传于沙县各乡镇的一道传统菜肴，尤其郑湖、南霞一带制作的熏鸭别具风味，是沙县民间宴席中极受群众喜爱的常见菜品之一，也是酒楼、饭店中的常备品种（图 2.6）。

图 2.6　熏鸭

【制作原料】

主料：半番鸭 3 斤。

配料：生姜、蒜头、辣椒、茶梗、大米、八角各适量。

调料：味精、红酒、精盐、芝麻油各适量。

【制作方法】

（1）将半番鸭宰杀清洗干净，生姜、蒜头、辣椒剁细末待用。

（2）将味精、红酒、精盐、姜末、蒜末、辣椒末拌匀涂在半番鸭全身，腌制 1 小时。

（3）将半番鸭上蒸笼中火蒸 30 分钟取出（视半番鸭老嫩程度确定蒸的时间）。

（4）将茶梗、大米、八角均匀撒入锅中，放上架子，将蒸熟的半番鸭放在架子上，盖上锅盖，开小火熏制，待锅中有黄色浓烟冒出，关火焖 5 分钟取出刷上芝麻油。

（5）取盘将熏好的半番鸭斩成块装盘即可。

2.4.2　熏兔

【品种简介】

熏兔是流传于沙县各乡镇的一道传统菜肴，尤其郑湖、南霞一带制作的熏兔别具风味，是沙县民间宴席中极受群众喜爱的常见菜品之一，也是酒楼、饭店中的常备品种（图 2.7）。

【制作原料】

主料：兔子 3 斤。

配料：生姜、蒜头、辣椒、茶梗、大米、八角各适量。

调料：味精、红酒、精盐、芝麻油各适量。

【制作方法】

（1）将兔子宰杀清洗干净，生姜、蒜头、辣椒剁细末待用。

（2）将味精、红酒、精盐、生姜末、蒜末、辣椒末拌匀涂在兔子全身，腌制 1 小时。

（3）将兔子上蒸笼中火蒸 30 分钟取出（视兔子老嫩程度确定蒸的时间）。

（4）将茶梗、大米、八角均匀撒入锅中，放上架子，将蒸熟的兔子皮朝上放在架子上，盖上锅盖，开小火熏制，待锅中有黄色浓烟冒出，关火焖 5 分钟取出刷上芝麻油。

（5）取盘将熏好的熏兔斩成块装盘即可。

图 2.7　熏兔

复习思考题

1．卤味制作有哪些工艺流程？
2．沙县板鸭的制作方法有哪几种？有何区别？
3．白斩类菜肴主要用什么烹调方法？要注意些什么？
4．熏制菜肴在熏制过程要注意些什么？

第 3 章　热菜制作技艺

3.1　油炸类菜肴

3.1.1　沙县炸糟鱼

【品种简介】

沙县炸糟鱼源自福州菜系，在福州当地，这道菜用黄瓜鱼做主料，故称炸瓜鱼。传至沙县后，因当时的条件所限，使用的主料是当地的草鱼，因调脆糊浆用红糟而得名。炸糟鱼成品酥香脆嫩，是沙县民间宴席中极受群众喜爱的常见菜品之一（图 3.1）。

【制作原料】

主料：草鱼 2.5 斤。

配料：面粉、红糟（红曲粉）、香葱各适量。

调料：白米醋、小苏打、花生油、精盐、味精、料酒、五香粉各适量。

【制作方法】

（1）将草鱼宰杀，片取净鱼肉 400 克（鱼头、鱼尾、带肉鱼骨做他用）。

（2）将净鱼肉顺切成长 6 厘米、厚 0.5 厘米、宽 1.5 厘米的鱼片 40 块左右，放碗内，加精盐、味精、料酒、五香粉腌 30 分钟入味待用。香葱切成葱花待用。

（3）另用一中碗按顺序放入白米醋、水、红糟（红曲粉）搅匀成红色醋溶液，加入小苏打搅动见起泡（酸碱中和产生二氧化碳气体），放入面粉搅匀至浓浆状态（插入筷子，尾端能挂住糊浆），再放入一汤匙花生油搅匀即可。

（4）锅置火上，放入花生油烧至七八成热，将鱼片挂上糊浆入油锅炸制，鱼坯浮起，表面结硬壳，即捞起，顺次炸完待用。

（5）将炸好鱼坯一次性倒入五成热油锅重炸，捞起浇上冷油，沥干油装盘。

（6）用小碗装上高汤，撒上葱花。

图 3.1　沙县炸糟鱼

3.1.2 沙县鱼肝花

【品种简介】

沙县鱼肝花是闽菜中的一道传统名菜，因以鱼肉、猪肝、猪网油为主要原料，故称鱼肝花。鱼肝花成品外酥里嫩，香脆爽口，为大众喜食，是沙县民间宴请贵宾时常见菜品（图 3.2）。

【制作原料】

主料：猪网油 1 张、五花肉 1 斤、净鱼肉 100 克、猪肝 100 克。

配料：水发香菇、胡萝卜、冬笋、荸荠、香葱、鸡蛋各适量。

调料：精盐、味精、白糖、料酒、麻油、调和油、面粉各适量。

【制作方法】

（1）五花肉剁茸，鱼肉、猪肝切成细丝待用。

（2）将水发香菇、胡萝卜、冬笋、荸荠切成米粒状，香葱切末待用。

（3）把改刀好的主、配料置盆中，加鸡蛋、精盐、味精、白糖、料酒、麻油搅拌均匀，鸡蛋和面粉调成蛋面糊待用。

（4）将猪网油平铺在案台上，修去边角，改刀成长方形。将调好的蛋面糊抹在网油上，再倒上调好的馅料，卷成长筒状，上笼中火蒸 20 分钟待用。

图 3.2 沙县鱼肝花

（5）锅内加入调和油，烧至六成热，将蒸熟的鱼肝花炸至金黄色，改刀装盘即可。

3.1.3 沙县龙凤腿

【品种简介】

龙凤腿属于苏菜菜系，源于烧肉方和狮子头，早在清代即为筵席佳肴，南北各地均有。本品因以鲜鸡肉、鲜虾仁、五花肉、猪网油为主要原料包制成鸡腿形状，故称龙凤腿。龙凤腿成品外酥里嫩，为沙县民间高档宴席常见菜品（图 3.3）。

【制作原料】

主料：猪网油 1 张、五花肉 1 斤、净鸡肉半斤、鲜虾仁 100 克。

配料：胡萝卜、水发香菇、冬笋、荸荠、香葱、鸡蛋各适量。

调料：精盐、味精、白糖、料酒、芝麻油、调和油、面粉各适量。

【制作方法】

（1）将净鸡肉、五花肉剁茸。

图 3.3 沙县龙凤腿

（2）将鲜虾仁、水发香菇、胡萝卜、冬笋、荸荠切成米粒状，香葱切末待用。

（3）把改刀好的主、配料置盆中，加鸡蛋、精盐、味精、白糖、料酒、芝麻油搅拌均匀，鸡蛋和面粉调成蛋面糊待用。

（4）将猪网油平铺在案台上，修去边角，改刀成四方形。将调好的蛋面糊抹在猪网油上，再将调好的馅料放在猪网油上包成鸡腿形状，上笼中火蒸 20 分钟待用。

（5）锅内加入调和油，烧至六成热，将蒸熟的龙凤腿炸至金黄色，装盘即可。

3.1.4　油烧鸡

【品种简介】

油烧鸡是山东地区特色传统风味名菜之一，属于鲁菜菜系。其色泽红润、肉烂味美，是佐酒之美味。传至沙县后，其制作方法和口味都有所改变，是沙县民间宴席中深受群众喜爱的常见菜品之一（图3.4）。

【制作原料】

主料：鸡3斤。

配料：八角、小茴香、肉蔻、丁香、草果、花椒、香叶、香葱、姜各适量。

调料：糖色、食盐、白糖、味精、红酒、花生油各适量。

【制作方法】

（1）把八角、小茴香、肉蔻、丁香、草果、花椒、香叶用纱布包好做成香料包。将鸡洗净，然后把香葱、生姜拍松，加上香料包、糖色、食盐、白糖、味精、红酒、水一起放在锅中小火卤制1～2小时。

（2）锅内加入花生油，在旺火上烧至八九成熟，将卤好的鸡放入漏勺内，在油中冲炸，至鸡皮呈枣红色时翻过来再稍炸即可捞出。食用时切成块，摆盘上席。

图3.4　油烧鸡

3.1.5　油烧鸭

【品种简介】

油烧鸭是源于鲁菜菜系流行于全国各地的传统菜肴，其色泽红润、肉烂味美，是佐酒之美味。传至沙县后，其制作方法和口味都有所改变，是沙县民间宴席中受大众喜爱的常见菜品之一（图3.5）。

【制作原料】

主料：半番鸭3斤。

配料：八角、小茴香、肉蔻、丁香、草果、花椒、香叶、香葱、生姜各适量。

调料：糖色、食盐、白糖、味精、红酒、花生油各适量。

【制作方法】

（1）把八角、小茴香、肉蔻、丁香、草果、花椒、香叶用纱布包好做成香料包。将鸭洗净，然后把香葱、生姜拍松，加上香料包、糖色、食盐、白糖、味精、红酒、水一起放在锅中，小火卤制1～2小时。

（2）锅内加入花生油，在旺火上烧至八九成熟，将卤好的鸭放入漏勺内，在油中冲炸，至鸭皮呈枣红色时翻过来再稍炸即可捞出。食用时切成块，装盘上席。

图3.5　油烧鸭

3.1.6　香酥茄盒

【品种简介】

香酥茄盒是沙县流传很早的一道传统菜肴，由炸糟鱼改进而来，是用本地的茄子夹肉馅挂脆皮糊炸制而成的。香酥茄盒成品酥香脆嫩、价廉物美，是深受沙县群众喜爱的常见菜品之一（图3.6）。

【制作原料】

主料：茄子1斤。

配料：五花肉、鸡蛋、地瓜粉、面粉、水发香菇、香葱各适量。

调料：盐、味精、味极鲜酱油、调和油各适量。

【制作方法】

（1）茄子去皮横切连刀片加盐腌渍，五花肉剁茸，香葱切成葱花，水发香菇改刀成末。

（2）肉茸、香菇末加味极鲜酱油、味精、葱花搅拌均匀。

（3）把腌好的茄片夹入肉馅，取小碗将鸡蛋、地瓜粉、面粉加水调成脆浆糊待用。

（4）锅内加入调和油烧至六成热，将夹好肉馅的茄片逐个挂上脆浆糊炸至金黄色即可。

图3.6　香酥茄盒

3.2　糖醋类菜肴

3.2.1　松鼠鱼

【品种简介】

松鼠鱼是源于江苏的传统名菜。此菜品形似松鼠，精致美观，外脆里嫩，色泽橘黄，酸甜适口，备受大众喜爱，是沙县传统宴席必上菜肴之一（图 3.7）。

【制作原料】

主料：草鱼 3 斤。

配料：生姜、蒜头、辣椒、香葱各适量。

调料：味极鲜酱油、白糖、白米醋、番茄酱、调和油、食盐、味精、红酒、地瓜粉各适量。

【制作方法】

（1）将草鱼宰杀清洗干净，然后案板上垫块布，把鱼头切下来。

（2）用刀沿脊骨两侧平片至尾部，但是鱼尾部处不要切断。

（3）把鱼排骨剁下来，再把胸刺和鱼腹部的内膜片下来。

（4）在鱼肉内侧面用刀先直刀切至鱼皮处，注意不要划破鱼皮。

（5）再斜刀片成菱形，把鱼肉深片切至鱼皮，依然注意不要划破鱼皮。

（6）香葱、生姜、蒜头切末待用。

（7）把切好花刀的鱼肉放入碗内，加红酒、精盐、葱末、姜丝腌制 20 分钟左右。

图 3.7　松鼠鱼

（8）在腌制好的鱼肉上均匀地撒上一层干淀粉。

（9）锅内烧热油至七成热，用勺子舀起热油逆向浇到鱼肉上，使之定型。

（10）将定好型的鱼肉放入五成热油锅内复炸一次，待表面金黄即可摆在盘子里。

（11）锅内加入调和油烧热，将葱末、姜末、蒜末煸香后加水、味极鲜酱油、白糖、白米醋、番茄酱、味精、辣椒调成糖醋汁，用地瓜粉勾芡浇在松鼠鱼上即成。

3.2.2　糖醋菊花鱼

【品种简介】

菊花鱼是源于广东菜系、流行于全国的传统名菜。此菜品形似菊花，造型精致美观，外酥里嫩，色泽橘黄，酸甜适口，备受大众喜爱，是沙县传统宴席必上菜肴之一（图 3.8）。

【制作原料】

主料：草鱼 3 斤。

配料：生姜、蒜头、辣椒、香葱各适量。

调料：味极鲜酱油、白糖、白米醋、番茄酱、调和油、精盐、味精、红酒、地瓜粉各适量。

图 3.8　糖醋菊花鱼

【制作方法】

（1）将草鱼宰杀清洗干净，剔下鱼骨，修平鱼肉，剔掉鱼的薄边。

（2）用斜刀切掉鱼块最前面的一片，然后用斜刀片七连刀，前面六刀深至鱼皮，但不能断，第七刀断，将片下的鱼块再用直刀手法切七刀，每刀同样深至鱼皮，但不能切断。

（3）将切好花刀的菊花鱼块放入盆，加入适量的盐，用手抓均，腌 2 分钟后放到干净的干毛巾上，用毛巾将鱼块的水分蘸干，均匀地蘸上地瓜粉。

（4）香葱、生姜、蒜头切末待用。

（5）锅内加入调和油烧至六成热，两手拈住鱼块，抖掉多余的生粉，将鱼块的 1/3 放入油中，炸 5 秒钟，迅速将鱼块翻转过来，让鱼块在热油中炸制定型，捞出装盘内。

（6）锅放油烧热，将葱末、姜末、蒜末煸香，加水、味极鲜酱油、红酒、白糖、白米醋、番茄酱、精盐、味精、辣椒调成糖醋汁，用地瓜粉勾芡浇在菊花鱼上即成。

3.2.3　糖醋里脊

【品种简介】

糖醋里脊源自福州菜系，成品形似荔枝，外酥里嫩，酸甜爽口，是沙县民间宴席中极受大众喜爱的常见菜品之一（图 3.9）。

【制作原料】

主料：猪里脊肉 400 克。

配料：生姜、蒜头、香葱各适量。

调料：味极鲜酱油、白糖、白米醋、精盐、味精、地瓜粉、红糟（红曲粉）、辣椒、调和油各适量。

【制作方法】

（1）将里脊肉剞荔枝花刀，切菱形，加盐、味精腌制 15 分钟。生姜、蒜头、香葱切末待用。

图 3.9　糖醋里脊

（2）将红糟（红曲粉）用冷水调开用砂布滤去酒糟，加地瓜粉放入里脊肉搅拌均匀。

（3）锅内加入调和油，烧至六成热，逐个将调好粉的里脊肉炸至浮起捞出。

（4）将炒锅烧热下油、葱末、姜末、蒜末煸香，放入清汤、味极鲜酱油、白糖、白米醋、味精、辣椒调成糖醋汁，倒入炸好的里脊肉，撒上葱花颠翻出锅装盘。

3.2.4　爆炒腰花

【品种简介】

爆炒腰花源自福州菜系，成品脆嫩，酸甜爽口，是沙县人宴请贵客的常见菜品之一，也是高档酒楼的常备品种（图 3.10）。

【制作原料】

主料：猪腰 600 克。

配料：青椒、红椒、生姜、蒜头、辣椒、香葱各适量。

调料：番茄酱、精盐、味极鲜酱油、白糖、白米醋、木薯粉、芝麻油、调和油各适量。

【制作方法】

（1）将猪腰横片成两半，把里面的白色腰臊片干净，剞麦穗花刀装入盆中用水冲洗干净。

（2）将青红椒切菱形片，生姜切丝，蒜头切片，香葱切马蹄片待用。

图 3.10　爆炒腰花

（3）取小碗将番茄酱、精盐、味极鲜酱油、白糖、白米醋、辣椒、木薯粉调成糖醋汁。

（4）炒锅上火烧开水，将猪腰烫至七成熟，沥干水分。锅下油烧热，分别放姜丝、葱片、蒜末、青红椒片炒熟，倒入猪腰和兑好的糖醋汁，撒香葱片、芝麻油、明油颠翻出锅装盘。

注：质地脆嫩的原料可以互相搭配爆炒双脆，如鸭胗与猪腰、鸭胗与鲜目鱼、猪腰与水发鱿鱼等。

3.2.5　爆炒鱿鱼

【品种简介】

爆炒鱿鱼源自福州菜系，成品脆嫩，酸甜爽口，是沙县郑湖乡一带宴请贵客的常用菜之一，也是酒楼、饭店的常备品种（图 3.11）。

图 3.11　爆炒鱿鱼

【制作原料】

主料：水发鱿鱼 600 克。

配料：青椒、红椒、生姜、蒜头、辣椒、香葱各适量。

调料：番茄酱、精盐、味极鲜酱油、白糖、白米醋、木薯粉、香葱、芝麻油、调和油各适量。

【制作方法】

（1）水发鱿鱼从中间切成两半，剞麦穗花刀装入盆中用水冲洗干净。

（2）青红椒切菱形片，生姜切丝，蒜头切片，香葱切马蹄片待用。

（3）取小碗将番茄酱、精盐、味极鲜酱油、白糖、白米醋、辣椒、木薯粉调成糖醋汁。

（4）炒锅上火烧开水，将水发鱿鱼烫至七成熟，沥干水分。锅下油烧热，分别放姜丝、葱片、蒜末、青红椒片炒熟，倒入鱿鱼和兑好的糖醋汁，撒葱片、芝麻油、调和油颠翻出锅装盘即成。

3.2.6 醉蟹

【品种简介】

醉蟹是源于福州菜系、流行于沙县民间的传统菜肴。此菜品用鲜活螃蟹加入虾油腌渍而成，酸甜可口，深得大众喜爱，是沙县宴请贵客的菜肴之一（图 3.12）。

【制作原料】

主料：活螃蟹 1 斤半。

配料：生姜、蒜头、辣椒、香葱各适量。

调料：虾油或鱼露、白米醋、白糖、味精、高度白酒各适量。

图 3.12 醉蟹

【制作方法】

（1）将螃蟹宰杀清洗干净，将蟹脚用刀背拍开，沥干水分。生姜、蒜头、辣椒、香葱切末待用。

（2）取大碗将虾油或鱼露、白米醋、白糖、味精、高度白酒、姜末、蒜末、辣椒末、葱末调成酸辣汁，放入螃蟹，用保鲜膜包好腌渍 6 小时左右即可食用。

3.3 清蒸类菜肴

3.3.1 酒香鸡

【品种简介】

酒香鸡是近年来流行于沙县民间的特色风味菜之一，菜品酒香浓郁、肉烂味美，是佐酒之美味，极受大众喜爱（图 3.13）。

图 3.13 酒香鸡

【制作原料】

主料：土鸡 3 斤。

配料：当归、党参、枸杞、生姜各适量。

调料：精盐、味精、鸡精、红酒各适量。

【制作方法】

（1）将土鸡宰杀洗净沥干水分，生姜洗净切丝，当归、党参洗净改刀成小段待用。

（2）将土鸡砍成块状摆在圆盘内，取小碗将改刀好的当归、党参、枸杞、生姜、精盐、味精、鸡精、红酒搅拌均匀浇在鸡块上腌 1 小时待用。

（3）将加工好的鸡块上笼蒸 20 分钟即可食用。

3.3.2 糟香猪手

【品种简介】

糟香猪手是郑湖乡、南霞乡一带的农家菜肴，所用香料都是天然草根，因此菜品糟香浓郁，油而不腻，深受沙县人喜爱而流传民间（图 3.14）。

【制作原料】

主料：猪七寸（猪手）2 斤。

配料：红糟、乌根、穿山龙、牛奶根、荜拨草各适量。

调料：精盐、味精、料酒、芝麻油、香葱、生姜、蒜头、辣椒各适量。

【制作方法】

（1）将猪七寸洗净砍成块状，用沸水烫去污血，用冷水洗净待用。

（2）将香葱、生姜、蒜头洗净，香葱打结，生姜、蒜头拍松待用。

（3）洗净的猪七寸放入盆中，加入精盐、味精、料酒、芝麻油、葱结、生姜、蒜头、红糟、乌根、穿山龙、牛奶根、荜拨草、辣椒腌制 3 小时，上笼蒸 2 小时左右，筷子能插进即可。

图 3.14　糟香猪手

3.3.3　米粉蒸肉

【品种简介】

米粉蒸肉是流行于沙县民间的传统菜肴。此菜品米香浓郁，酥烂可口，油而不腻，深受大众的喜爱，是沙县家中便宴和小吃必不可少的菜肴（图 3.15）。

图 3.15　米粉蒸肉

【制作原料】

主料：条肉（五花肉）400 克。

配料：八角、香葱、大米各适量。

调料：老抽酱油、生抽酱油、味精各适量。

【制作方法】

（1）将大米、八角倒入锅中小火炒熟，磨成细粉待用。

（2）把条肉切成片，放入老抽酱油、生抽酱油、味精腌制 20 分钟待用。

（3）将腌好的条肉放入米粉中搅拌均匀，上蒸笼中火蒸 30 分钟即成。如将蒸好的米粉蒸肉塞入麻饼当中就是沙县小吃“米粉肉夹饼”。

3.3.4　红酒粉蒸肉

【品种简介】

红酒粉蒸肉是流行于沙县民间的传统菜肴，此菜品酒香浓郁，酥烂可口，油而不腻，深得群众喜爱，是沙县家中便宴不可缺少的菜肴（图 3.16）。

图 3.16　红酒粉蒸肉

【制作原料】

主料：条肉（五花肉）400 克。

配料：木薯粉适量。

调料：红酒、老抽、生抽、味精各适量。

【制作方法】

（1）把条肉切成片，放入老抽、生抽、味精腌制 20 分钟待用。

（2）在腌好的条肉片放入木薯粉、红酒，搅拌均匀后上蒸笼用中火蒸 30 分钟即成。

3.4　扣烧类菜肴

3.4.1　葱香排骨

【品种简介】

葱香排骨是流行于沙县民间的传统菜肴。此菜品葱香浓郁，酥烂可口，深得大众的喜爱，是沙县传统宴席必不可少的菜肴（图 3.17）。

【制作原料】

主料：肋排 2 斤。

配料：八角、香葱、蒜头、鸡蛋各适量。

调料：老抽酱油、生抽酱油、味精、白糖、叉烧酱、地瓜粉、调和油各适量。

【制作方法】

（1）将肋排改刀砍成 6 厘米长条，加老抽酱油、生抽酱油、味精、白糖腌制 30 分钟，加地瓜粉搅拌均匀待用。部分香葱切成葱花待用。

（2）将油锅烧至七成热，将腌好的肋排炸至金黄色捞出，再将整把香葱炸至焦黄色捞出待用。

图 3.17　葱香排骨

（3）锅中放入油烧热，下蒜头、八角煸香，倒入炸好的肋排、香葱，加水、生抽、叉烧酱、味精、白糖烧开，取中碗将肋排整齐排在碗底，上笼蒸至酥烂，取出倒扣在盘中，撒上葱花即可。

注：香葱要多炸一些，炸少了葱香味体现不出来；肋排酥烂时间要根据原料的老嫩程度来判断，建议用土猪排加工，口感更佳。

3.4.2　洋烧排

【品种简介】

洋烧排是源自福州菜系、流行于沙县民间的传统菜肴。此菜品葱香浓郁，酥烂可口，深得人们的喜爱，是沙县宴席必不可少的菜肴（图 3.18）。

图 3.18　洋烧排

【制作原料】

主料：猪上排 2 斤。

配料：八角、香葱、蒜头、生姜各适量。

调料：老抽酱油、生抽酱油、味精、白糖、地瓜粉、调和油各适量。

【制作方法】

（1）将猪上排砍成大片，拍松，加老抽酱油、生抽酱油、味精腌制 20 分钟，加地瓜粉搅拌均匀待用。

（2）将油锅烧至七成热，将腌制好的猪上排炸至金黄色捞出，再将整把香葱炸至焦黄色捞出待用。

（3）锅中放入油烧热，下蒜头（切片）、八角煸香，倒入炸好的猪上排、香葱，加水、生抽、味精、白糖烧开，取中碗将猪上排整齐排在碗底，上笼蒸 30 分钟，取出倒扣在盘中，撒上葱花即可。

3.5　豆腐类菜肴

3.5.1　清炒腐竹

【品种简介】

清炒腐竹是流行于沙县民间的传统菜肴。此菜品清爽滑嫩，深得中老年人的喜爱，是沙县宴席必不可少的菜肴（图 3.19）。

【制作原料】

主料：腐竹 400 克。

配料：白菜梗、胡萝卜、水发香菇、瘦肉、虾仁干、蒜头、香葱各适量。

调料：精盐、味精、鸡精、白糖、胡椒粉、木薯粉、芝麻油、调和油各适量。

【制作方法】

（1）将腐竹用温水泡软，切段待用。

（2）将白菜梗、胡萝卜、水发香菇、瘦肉分别切成丝，虾仁干用温水浸泡改刀，蒜头切末，香葱切段（葱头、葱叶分开放）。

（3）将炒锅上火加油烧热，下葱段、蒜末煸香，倒入白菜丝、胡萝卜丝、瘦肉丝和泡好的虾仁干煸炒，加清汤、腐竹、精盐、白糖、鸡精、味精炒匀后勾芡，下胡椒粉、芝麻油、调和油颠翻出锅装盘。

图 3.19　清炒腐竹

3.5.2　洪武豆腐

【品种简介】

洪武豆腐源自安徽凤阳，已有 500 多年历史，相传深得明朝开国皇帝朱元璋（年号洪武）的喜爱，故称洪武豆腐。此菜品采用沙县传统的游浆豆腐制作而成，成品外酥里嫩，是沙县宴席必不可少的菜肴（图 3.20）。

【制作原料】

主料：游浆豆腐 20 块、五花肉 200 克。

配料：干香菇、虾仁、鸡蛋各适量。

调料：味极鲜酱油、味精、红酒、精盐、地瓜粉、面粉、芝麻油各适量。

【制作方法】

（1）豆腐沥干，每块横切三四片备用。

（2）五花肉、香菇、虾仁剁烂加味极鲜酱油、味精、红酒搅匀成馅。

图 3.20　洪武豆腐

（3）在一片豆腐上放一点馅，再盖一片豆腐。将面粉加鸡蛋搅拌成蛋粉糊，将已包馅的豆腐均匀蘸上蛋粉糊，放入六成热油锅，炸至外壳酥硬捞起。

（4）锅中加高汤，调咸鲜味，加地瓜粉勾芡，将芡汁浇至豆腐上即可。

注：豆腐要沥干；馅要搅拌上劲；蛋粉糊不要调制得过稀，否则挂不住豆腐，调制时可适当放一点发酵粉，使之胀发。

复习思考题

1．油炸类菜肴在炸制时一般如何控制油温？

2．糖醋类菜肴在调制兑汁时要注意突出什么味道？

3．清蒸类菜肴成熟时间要根据什么来确定？

4．扣烧类菜肴的制作程序有几道？

5．豆腐类菜肴要用什么豆腐才能达到效果？

第4章　汤菜制作技艺

4.1　包心类菜肴

4.1.1　沙县包心鱼丸

【品种简介】

沙县鱼丸在民间流传的历史悠久，承袭了福州鱼丸的制作工艺，但制作原料和工艺有很大不同。沙县鱼丸传统制法只用刀刃刮鱼茸制作，有鱼味而不见鱼，嫩如豆腐而鲜如鱼，口味清爽不油腻，为民间传统宴席的主要汤菜之一（图4.1）。

【制作原料】

主料：草鱼3斤。

配料：五花肉、生姜、鸡蛋清、地瓜粉、香葱各适量。

调料：精盐、酱油、味精、芝麻油、胡椒粉、高汤各适量。

【制作方法】

（1）将草鱼宰杀开膛掏出内脏，刮去鱼鳞，挖去鳃，砍下头尾，片去骨头，将净鱼肉用刀刃刮鱼茸，再用刀背敲烂成茸，加精盐、冰水，生姜拍烂洗汁，与鱼茸一起搅拌至下到冷水中能浮起，再加地瓜粉、鸡蛋清搅拌均匀。香葱（葱白、葱叶分开）切末待用。

（2）将五花肉洗净，去皮剁烂装在盆中，加入酱油、味精和芝麻油拌至上劲，加葱白末搅匀，用手捏分成小丸粒备用。

（3）冷水一盆，右手抓鱼泥，左手抓馅塞入鱼泥，用汤匙从右手虎口中将包心的鱼茸泥挤出，下到冷水中，全部包完后，连水倒入锅中，烧开煮熟捞出成鱼丸半成品。

（4）将鱼丸下入高汤锅中加盐、味精烧开，捞出盛碗中，撒胡椒粉，滴香油，撒葱末即可食用。

图4.1　沙县包心鱼丸

4.1.2　包心淮山丸

【品种简介】

包心淮山丸是流行于沙县民间的传统菜肴。淮山有利于脾胃消化吸收，加之此菜品滑嫩爽口，深得中老年人的喜爱，是民间宴请必不可少的菜肴（图 4.2）。

【制作原料】

主料：沙县本地淮山 1 斤。

配料：五花肉、鱼茸、干香菇、香葱、鸡蛋清各适量。

调料：精盐、味极鲜酱油、味精、胡椒粉、地瓜粉、芝麻油、高汤各适量。

【制作方法】

（1）将淮山打成泥状，加入鱼茸、精盐、味精、鸡蛋清、地瓜粉搅拌均匀，干香菇温水泡软切末，香葱（葱白、葱叶分开）切末待用。

（2）将五花肉洗净，去皮剁烂装在盆中，加入味极鲜酱油、味精和芝麻油拌至上劲，加葱白末搅匀，用手捏分成小丸粒备用。

（3）水倒入锅中烧热，右手抓淮山泥，左手抓馅塞入淮山泥，用汤匙从右手虎口中将包心的淮山泥挤出，下到热水中，全部包完后，烧开煮熟捞出淮山丸放入冷水盆中。

（4）将淮山丸下入高汤锅中，加精盐、味精烧开，捞出盛碗中，滴入芝麻油，撒胡椒粉、葱花即可。

图 4.2　包心淮山丸

4.1.3　包心豆腐丸

【品种简介】

包心豆腐丸是流行于沙县民间的传统菜肴。此菜品采用沙县传统的游浆豆腐制作而成，成品清爽滑嫩，深得大众的喜爱，是沙县民间宴请必不可少的菜肴（图 4.3）。

【制作原料】

主料：游浆豆腐 20 块、地瓜粉 100 克、鸡蛋清 1 个。

配料：五花肉、香葱、干香菇各适量。

调料：精盐、味精、胡椒粉、芝麻油、高汤各适量。

【制作方法】

（1）豆腐沥干，放纱布中绞成泥，加精盐、味精、鸡蛋清、地瓜粉搅拌均匀成豆腐泥

待用。香葱（葱白、葱叶）切末待用。

（2）将五花肉洗净，去皮剁烂，生姜、香菇、虾仁切成末和五花肉搅匀，装在盆中，加入酱油、味精、葱白末、芝麻油拌匀，捏成小丸粒待用。

（3）锅加水开小火保持微沸状态，右手抓豆腐泥，摊在掌上，左手抓肉馅丸，放在右手掌豆腐泥中，右手即握成拳将馅包匀。将豆腐泥挤出成豆腐丸，左手持汤匙从右手虎口中舀下豆腐丸，入热锅，待豆腐丸浮起，取汤碗，分别加入高汤、精盐、味精待用，将浮起的豆腐丸子捞至碗里，滴入芝麻油，撒上葱末、胡椒粉即可。

图4.3　包心豆腐丸

4.1.4　沙县小长春

【品种简介】

沙县小长春源于福州、闽清一带的传统美食——肉燕。此菜品的皮坯是把猪瘦肉用木棒捶成肉茸后，放入上等地瓜粉搅拌均匀压制而成的，脆嫩爽口，深得大众的喜爱，和鸡蛋一起烹制称为太平燕，是沙县民间宴请必不可少的菜肴（图4.4）。

【制作原料】

主料：鲜燕皮半斤、五花肉半斤。

配料：荸荠、干香菇、虾仁干、冬笋、豆腐、香葱各适量。

调料：味极鲜酱油、味精、精盐、芝麻油、胡椒粉、鸡精、高汤各适量。

图4.4　沙县小长春

【制作方法】

（1）将五花肉剁成肉末，荸荠、冬笋切末，豆腐沥干水分、捏烂，虾仁干、干香菇用水泡软切成末，香葱切成葱花。

（2）将五花肉末、冬笋末、虾仁干、香菇末、豆腐、味极鲜酱油、味精、葱花搅拌均匀成馅备用。

（3）将鲜燕皮摊开，放入馅，捏拢，上笼蒸15分钟取出备用。

（4）锅置火上放入高汤烧开，放入小长春小火煮沸，加精盐、味精、鸡精，滴芝麻油，撒胡椒粉、葱花即可食用。

4.1.5 红菇淮山丸

【品种简介】

红菇淮山丸是流行于沙县民间的传统菜肴。红菇为纯天然食品，味甘性温，有补虚养血、滋阴、清凉解毒的功效，淮山有利于脾胃消化吸收功能，而且此菜品滑嫩爽口，深得中老年人的喜爱，是民间宴请必不可少的菜肴（图 4.5）。

【制作原料】

主料：沙县本地淮山 1 斤。

配料：红菇、干贝、胡萝卜（切末）、鸡蛋清各适量。

调料：精盐、味精、胡椒粉、地瓜粉、高汤各适量。

【制作方法】

（1）将淮山磨成泥状，加入干贝、胡萝卜末、精盐、味精、鸡蛋清、地瓜粉搅拌均匀。

（2）水倒入锅中烧热，右手抓淮山泥，用汤匙从右手虎口中将淮山泥挤出，下到热水中，小火烧开煮熟，捞出淮山丸放入冷水盆中。

（3）将淮山丸、红菇下入高汤锅中加精盐、味精烧开，捞出盛碗中，撒胡椒粉即可。

图 4.5 红菇淮山丸

4.2 清炖类菜肴

4.2.1 红菇月子鸡

【品种简介】

鸡肉有温中益气、补虚填精、健脾胃、活血脉、强筋骨的功效；红菇为纯天然食品，味甘性温，有补虚养血、滋阴、清凉解毒的功效，还具有增强机体免疫力和抗癌等作用，至今人工尚不能培育。红菇月子鸡风味醇香，是沙县产妇坐月子必食之名菜（图 4.6）。

【制作原料】

主料：土鸡 4 斤左右。

配料：红菇 100 克、生姜 100 克。

调料：精盐、味精、土红酒、茶油各适量。

【制作方法】

（1）将土鸡宰杀洗净，切大块，在烧开的水中烫去污血，用冷水洗净沥干待用。

（2）将红菇剪去菇脚用冷水浸泡，生姜洗净拍松。

（3）将锅烧热，倒入茶油、生姜、土鸡炒干水分，倒入土红酒焖 10 分钟，加入开水煮沸，炖至鸡肉熟烂，加入泡好的红菇炖 10 分钟，加入精盐调味即可。

注：红菇不能过分清洗，不能放得太早，否则红菇的香味容易挥发。加红菇时可以把浸泡的红菇水一起倒入鸡汤中。

图 4.6　红菇月子鸡

4.2.2　凤吞冬菇

【品种简介】

凤吞冬菇是闽菜的传统名菜之一，传至沙县后，是宴请新郎、亲家、亲家母的必上菜肴。这道菜要由厨师端上，鸡头必须朝向主位，主人要包红包给厨师表示感谢（图 4.7）。

【制作原料】

主料：土鸡 4 斤左右。

图 4.7　凤吞冬菇

配料：冬菇、老姜各适量。

调料：精盐、味精各适量。

【制作方法】

（1）将土鸡宰杀煺毛洗净，冬菇切去菇脚，用冷水泡发。

（2）鸡脱骨：从颈部开刀，先脱去翅骨，再脱去背骨、腿骨和尾骨。

（3）将脱好骨的鸡洗净，把泡好的冬菇从鸡的颈部塞入缝好，上笼炖 30 分钟即可。

注：整鸡脱骨手法要熟练，不能破皮，冬菇塞入鸡腹时只能八分满，否则会涨开。

4.2.3　香芋炖全番

【品种简介】

香芋炖全番汤汁清香，鸭肉酥烂，香芋糯软。番鸭肉低脂肪，营养价值很高。香芋（槟榔芋）性平、味辛，具有养胃、补肾虚、健脾的功效。香芋炖全番是流行沙县民间美味的家常菜（图 4.8）。

【制作原料】

主料：全番鸭 1 斤半。

配料：香芋（槟榔芋）1 斤。

调料：精盐、味精各适量。

【制作方法】

（1）将全番鸭洗净，砍成块状焯水待用。香芋去皮切小块。

（2）将鸭块、香芋块盛入汤碗中，加入水、精盐上笼用大火炖 1 小时，放味精即可食用。

图 4.8　香芋炖全番

4.3　药膳类菜肴

4.3.1　草根猪脚

【品种简介】

草根猪脚是流传于沙县民间的一道药膳，因猪脚具有补虚弱、填肾精、健腰膝的功效，而所配的草根对治疗风湿病、关节炎有特殊功效，穿山龙还有舒筋活络、祛风止痛的功效，所以沙县人在农忙的时候都会食用这道菜肴（图 4.9）。

【制作原料】

主料：猪七寸（猪脚）2 斤。

配料：穿山龙、香藤子、乌根、牛奶根、生姜各适量。

调料：土红酒适量。

【制作方法】

（1）将猪七寸煺毛洗净，砍成块状，焯水待用。

（2）将穿山龙、香藤子、乌根、牛奶根、生姜洗净放入锅中加水熬汤。

（3）取大碗将猪七寸加入土红酒干蒸 1 小时，再加入熬好的草根汤炖烂即可。

图 4.9　草根猪脚

4.3.2　草根鸭雄

【品种简介】

草根鸭雄是流传于沙县民间的一道药膳，因鸭雄（公鸭）具有温肾固精、益气补虚、滋阴补虚、利尿消肿的功效，而所配的草根有治疗风湿病、舒筋活络、祛风止痛的功效，所以沙县人在体力透支、身体虚弱的时候都会食用这道菜肴（图 4.10）。

【制作原料】

主料：鸭雄 2 斤。

配料：穿山龙、香藤子、乌根、牛奶根、生姜各适量。

调料：土红酒适量。

【制作方法】

（1）将鸭雄宰杀煺毛洗净，砍成块状焯水待用。

（2）将穿山龙、香藤子、乌根、牛奶根、生姜洗净放入锅中加水熬汤。

（3）生姜洗净拍松，锅烧热加油，加生姜、鸭雄炒干水分，放入土红酒焖 10 分钟，再加入熬好的草根汤炖烂即可。

图 4.10　草根鸭雄

4.3.3　草根兔子

【品种简介】

草根兔子是流传于沙县民间的一道药膳。因为兔肉具有补中益气之功效，可治疗脾胃虚弱所致的食欲不振、疲乏无力，而所配的草根有舒筋活络、祛风止痛的功效，经常食用对促进儿童生长发育和防治老年人骨质疏松均有很大益处，所以沙县人宴请客人时都会食用这道菜肴（图 4.11）。

【制作原料】

主料：兔子 2 斤。

配料：穿山龙、香藤子、乌根、牛奶根、生姜各适量。

调料：土红酒适量。

【制作方法】

（1）将兔子宰杀煺毛洗净，砍成块焯水待用。

（2）将穿山龙、香藤子、乌根、牛奶根、生姜洗净放入锅中加水熬汤。

（3）将生姜洗净拍松，锅烧热加油，加生姜、兔块炒干水分，放入土红酒焖 10 分钟，再加入熬好的草根汤炖烂即可。

图 4.11　草根兔子

4.3.4　栀子根炖鸭

【品种简介】

栀子根炖鸭是流传于沙县民间的一道药膳。栀子根有清热利湿、凉血止血、消肿止痛的功效，特别对辅助治疗黄疸型肝炎有显著作用。鸭肉有温肾固精、益气补虚、滋阴补虚、利尿消肿的功效。所以，沙县人在三伏天会经常食用这道菜肴（图 4.12）。

【制作原料】

主料：半番鸭 2 斤。

配料：栀子根适量。

【制作方法】

（1）半番鸭宰杀煺毛洗净，砍成块焯水待用；栀子根洗净待用。

（2）将半番鸭、栀子根放入汤盆加水，上笼炖 40 分钟即可食用。

注：①栀子根也可以和猪排骨同炖。②草根菜肴不能放调味品，否则会影响药效。

图 4.12　栀子根炖鸭

4.4　羹汤类菜肴

4.4.1　鱼泡酸辣汤

【品种简介】

鱼泡酸辣汤源于福州菜系，是流行于沙县民间的传统菜肴，福州菜的酸辣汤放白胡椒粉，而沙县的酸辣汤放辣椒粉。此菜品既酸辣可口又能醒酒开胃，深得沙县人的喜爱，是民间宴请必不可少的菜肴（图 4.13）。

【制作原料】

主料：干鳗鱼泡 100 克。

配料：大白菜梗、西红柿、水发香菇、瘦肉、虾仁干、生姜、香葱各适量。

调料：精盐、白糖、鸡精、白米醋、辣椒粉、味精、水淀粉、芝麻油、调和油各适量。

【制作方法】

（1）将干鳗鱼泡放入冷油锅慢火加温，待干鳗鱼泡表面起小泡时捞出，待锅中油温升至五六成热时再将鳗鱼泡放入油中炸制均匀捞出。

（2）将油发好的鳗鱼泡用冷水泡软后，用小苏打洗净油垢，改刀成段。

图 4.13　鱼泡酸辣汤

（3）将大白菜梗、西红柿、水发香菇、瘦肉分别切成丝，虾仁干用温水泡软改刀，生姜切丝，香葱切段（葱白、葱叶分开放）。

（4）将炒锅上火加油烧热，下葱段、生姜丝煸香，倒入白菜丝、西红柿丝、瘦肉丝和泡好的虾仁干煸炒，加清汤、鱼泡皮、精盐、白糖、鸡精、白米醋、辣椒粉、味精，烧开后用水淀粉勾薄芡，淋芝麻油、明油，出锅装碗，撒葱花即可。

4.4.2 猪皮酸辣汤

【品种简介】

猪皮酸辣汤是流行于沙县民间的传统菜肴，由鱼泡酸辣汤演变而来。此菜品既酸辣可口又能醒酒开胃，深得沙县人的喜爱，是民间便宴必不可少的菜肴（图 4.14）。

【制作原料】

主料：干猪皮半斤。

配料：大白菜梗、西红柿、水发香菇、瘦肉、虾仁干、生姜、香葱各适量。

调料：精盐、白糖、鸡精、白米醋、辣椒粉、味精、水淀粉、芝麻油、调和油各适量。

【制作方法】

（1）将干猪皮放入冷油锅小火加温，干猪皮表面起小泡时捞出，待锅中油温升至五六成热时再将猪皮放入油中炸制均匀捞出。

（2）将油发好的猪皮用冷水泡软后，用小苏打洗净油垢，改刀成条。

（3）将大白菜梗、西红柿、水发香菇、瘦肉分别切成丝，虾仁干用温水泡软改刀，生姜切丝，香葱切段（葱白、葱叶分开放）。

（4）将炒锅上火加油烧热，下葱段、生姜丝煸香，倒入白菜丝、西红柿丝、瘦肉丝和泡好的虾仁干煸炒，加清汤、猪皮、精盐、白糖、鸡精、白米醋、辣椒粉、味精，烧开后用水淀粉勾薄芡，淋芝麻油、明油，出锅装碗，撒葱花即可。

图 4.14　猪皮酸辣汤

4.4.3 芙蓉蛋

【品种简介】

芙蓉蛋是流行于沙县民间的传统菜肴。此菜品采用烩的烹调方法，清鲜爽口，深得众人的喜爱，是民间宴请必不可少的菜肴（图 4.15）。

【制作原料】

主料：葫芦瓜 1 斤、鸡蛋 5 个、大白菜半斤、瘦肉 100 克。

配料：胡萝卜、干香菇、香葱、龙口粉丝、蛤干（或虾仁干）各适量。

调料：精盐、味极鲜酱油、调和油、味精、胡椒粉、地瓜粉、芝麻油各适量。

【制作方法】

（1）将干香菇、蛤干、龙口粉丝用温水泡开，取小碗将鸡蛋打散待用。

（2）葫芦瓜、大白菜、瘦肉、胡萝卜、香菇切丝，香葱切小段。

（3）将锅烧热，加油，放入葱段煸香，再将切好的葫芦瓜丝、大白菜丝、瘦肉丝、胡萝卜丝、香菇丝炒熟，加清汤，倒入泡好的龙口粉丝、蛤干烧开，调好味道后用地瓜粉勾好芡，再徐徐倒入打散的蛋液，撒胡椒粉，滴芝麻油，撒葱段即可。

图 4.15　芙蓉蛋

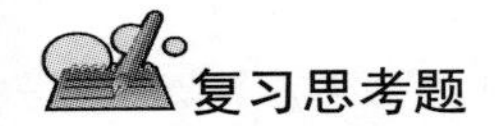

复习思考题

1．沙县鱼丸与包心豆腐丸包制时对水温的要求有何不同？

2．整鸡脱骨有几个步骤？要注意些什么？

3．草根药膳对人体有何功效？试举例说明。

4．羹汤类菜肴要注意哪些内容？

第 5 章　夏茂风俗特色菜肴

夏茂人自古喜食牛肉，有“一天不杀牛就有大事”一说。作为沙县的粮食主产区，夏茂耕牛多，古时杀牛，地主家吃牛肉，农户就把牛下水带回家加工。久而久之，“牛系列”就成了沙县夏茂镇的传统菜肴和小吃，比较流行的有十几个品种，最有名的是炖牛腩、牛脚筋，经济实惠的是烫牛百叶、牛肚边，街边小吃有米浆灌牛肠、米浆灌牛肺和米浆牛红。与牛肉相似，猪肉和猪下水也有很多特色菜肴。

5.1　小吃类菜肴

5.1.1　米浆灌猪肺

【品种简介】

米浆灌猪肺是流行于夏茂一带的风俗特色菜肴，村里有一家杀猪，就要请全村老少来吃猪下水，夏茂人称之为“吃猪血”（图 5.1）。

【制作原料】

主料：猪肺 1 套。

配料：籼米适量。

调料：精盐、味极鲜酱油、味精、胡椒粉、芝麻油各适量。

【制作方法】

（1）将猪肺清洗干净，籼米加水磨浆待用。

（2）米浆加入精盐、味精搅拌均匀，灌入猪肺，扎紧肺管蒸熟。食用时切片，配上味极鲜酱油、味精、胡椒粉、芝麻油调好的蘸料即可。

图 5.1　米浆灌猪肺

5.1.2　夏茂灌血肠

【品种简介】

夏茂灌血肠也是流行于夏茂一带的风俗特色菜肴（图 5.2）。

【制作原料】

主料：猪小肠 1 副。

配料：籼米、猪血各适量。

调料：精盐、味极鲜酱油、味精、胡椒粉、芝麻油各适量。

【制作方法】

（1）小肠清洗干净，籼米加水磨浆待用。

（2）猪血加入米浆、精盐、味精搅拌均匀，灌入猪小肠，扎紧蒸熟。食用时切段，配上用味极鲜酱油、味精、胡椒粉、芝麻油调好的蘸料即可。

图 5.2　夏茂灌血肠

5.1.3　米浆牛红

【品种简介】

米浆牛红是夏茂一带的特色菜肴，由牛血加米浆煮熟而成，滑嫩可口，是深受大众喜爱的美食（图 5.3）。

【制作原料】

主料：牛血、米浆各适量。

配料：生姜、辣椒、香葱各适量。

调料：精盐、味极鲜酱油、味精、料酒、芝麻油各适量。

【制作方法】

将牛血加精盐、米浆调匀待凝固后，下锅小火煮熟，食用时切小块蘸料（用精盐、味极鲜酱油、味精、料酒、芝麻油调制），也可加生姜、辣椒、香葱炒或煮汤。

图 5.3　米浆牛红

5.2 凉拌类菜肴

5.2.1 白灼牛肚边

【品种简介】

白灼牛肚边是夏茂一带的民间传统菜肴。此菜滑嫩可口，蛋白质含量非常高，常吃牛肚可以调节人体内的酸碱平衡，还可以促进新陈代谢，提高身体免疫力，因此其深受中老年人喜爱（图 5.4）。

【制作原料】

主料：牛肚边 1 斤。

配料：生姜、鸡蛋清、蒜头、地瓜粉各适量。

调料：精盐、小苏打、味极鲜酱油、白糖、白米醋、味精、料酒、芝麻油、胡椒粉、葱花各适量。

【制作方法】

（1）牛肚边切片加小苏打腌制 10 分钟，再用清水冲洗 15 分钟，用纱布沥干水分，加精盐、味精、鸡蛋清、地瓜粉搅拌均匀待用。

（2）生姜、蒜头切末，加味极鲜酱油、白糖、白米醋、味精、料酒、芝麻油、胡椒粉、葱花调成糖醋汁待用。

（3）水烧开，将牛肚边快速放入锅中，浮起后捞出盛入盘中，配上糖醋汁即可。

图 5.4 白灼牛肚边

5.2.2 凉拌牛百叶

【品种简介】

凉拌牛百叶是夏茂客家人宴请宾客的必备菜肴。牛百叶是牛胃部中的瓣胃，形似百叶，有补益脾胃之功效。凉拌牛百叶成品脆嫩香醇，是深受人们喜爱的一道美食（图 5.5）。

【制作原料】

主料：牛百叶 1 斤。

配料：生姜、香菜、蒜头、辣椒各适量。

调料：精盐、白糖、米醋、味精、料酒、芝麻油各适量。

【制作方法】

（1）牛百叶洗净切条，生姜、蒜头、辣椒切末，香菜切段备用。

（2）碗中加入精盐、白糖、米醋、味精、料酒、芝麻油、生姜末、蒜头末、辣椒末、香菜段，调糖醋汁待用。

（3）水烧开，用筷子将牛百叶拨入沸水中，汆烫后迅速捞出盛入碗中，加糖醋汁拌匀即可。

图 5.5　凉拌牛百叶

5.2.3　凉拌牛肉

【品种简介】

凉拌牛肉是夏茂客家人宴请宾客的必备菜肴，用牛里脊肉或牛腰肉烹制而成，具有补脾胃、补气血、强筋骨的功效，成品滑嫩爽口，是深受大众喜爱的美食（图 5.6）。

【制作原料】

主料：牛里脊肉 1 斤。

配料：青红椒、生姜、香葱、蒜头、辣椒、木薯粉各适量。

调料：精盐、白糖、米醋、味精、料酒、芝麻油各适量。

【制作方法】

（1）将牛里脊肉洗净横纤维切片，加精盐、味精、料酒腌制 10 分钟后，放入木薯粉搅拌均匀待用。

（2）青红椒切片，生姜、蒜头、辣椒切末，香葱切葱花备用。

（3）碗中加入精盐、白糖、米醋、味精、料酒、芝麻油，生姜末、蒜末、辣椒末，调糖醋汁待用。

（4）水烧开，用筷子将牛肉片拨入沸水，汆烫后迅速捞出盛入碗中，加入糖醋汁拌匀即可。

图 5.6　凉拌牛肉

5.2.4　白切牛腱肉

【品种简介】

白切牛腱肉是一道美味的夏茂民间传统菜肴，其酥烂鲜香、营养丰富，富含蛋白质和人体所需的微量元素，是一道强身健体的佳肴（图 5.7）。

【制作原料】

主料：牛腱子肉 1 斤。

配料：香葱、生姜、八角、桂皮、蒜头各适量。

调料：精盐、味精、红酒各适量。

【制作方法】

（1）将牛腱子肉洗净，漂去血水，用沸水烫一次，放入锅中，加清水淹没，置旺火上烧沸，撇去浮沫，加红酒、八角、桂皮、蒜头、生姜（切块、拍松）、香葱（切段）、精盐、味精，改小火煮至酥烂，以筷子可以戳穿为好，取出牛肉晾凉。

图 5.7　白切牛腱肉

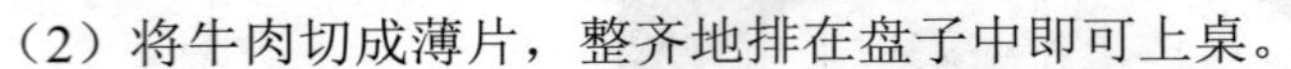

（2）将牛肉切成薄片，整齐地排在盘子中即可上桌。

5.2.5　白卤金钱肚

【品种简介】

金钱肚又称蜂窝肚，是牛的四个胃之一，其肉质酥烂而有弹性，口味醇香微甜，是一道传统的民间美味菜肴，常食能起到健脾、补气、养血的功效，适合大病初愈、脾胃虚弱的人食用（图 5.8）。

【制作原料】

主料：金钱肚 1 斤半。

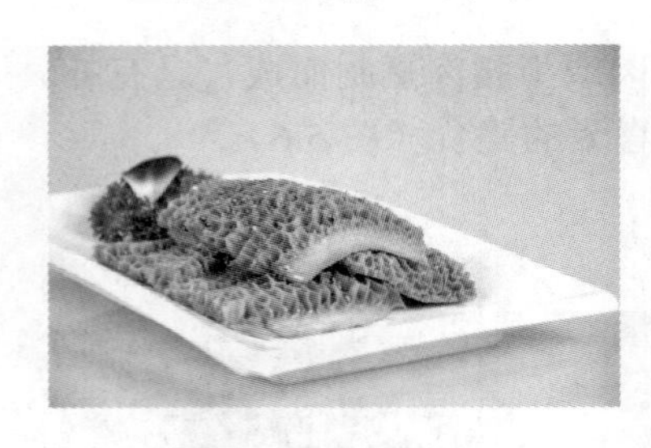

图 5.8　白卤金钱肚

配料：香葱、生姜、八角、桂皮、蒜头各适量。

调料：精盐、红酒各适量。

【制作方法】

（1）将金钱肚洗净，漂去血水，用沸水烫一下，放入锅中，加清水淹没，置旺火上烧沸，撇去浮沫，加红酒、八角、桂皮、蒜头、生姜（切块、拍松）、香葱（切段）、精盐，改小火煮至酥烂，以筷子可以戳穿为好，取出晾凉。

（2）将金钱肚切成条，整齐地排在平盘中即可上桌。

5.3　红烧类菜肴

5.3.1　赛熊掌（牛蹄）

【品种简介】

赛熊掌（牛蹄）是夏茂一带的民间传统菜肴。此菜味浓香而不腻，软烂爽口，有强筋壮骨之功效，对腰膝酸软、身体瘦弱者有很好的食疗作用，有助于青少年生长发育和延缓中老年人骨质疏松，深受中老年人喜爱（图 5.9）。

【制作原料】

主料：牛蹄 2 斤。

配料：生姜、蒜头、八角、桂皮、草果、香叶、辣椒、香葱、地瓜粉各适量。

调料：精盐、味极鲜酱油、白糖、味精、料酒各适量。

【制作方法】

（1）牛蹄刮去毛，焯水后用清水洗去污血，劈成连刀两片待用。

（2）把生姜、蒜头、八角、桂皮、草果、香叶、辣椒用纱布包好，锅中加水、精盐、味极鲜酱油、白糖、味精、料酒，加入牛蹄，用小火烧至酥烂，盛入盘中勾薄芡即可。

图 5.9　赛熊掌（牛蹄）

5.3.2　红烧牛尾

【品种简介】

红烧牛尾是源于中原地区，后传至夏茂一带的民间传统菜肴。此菜色泽金红，咸鲜醇厚，软烂不塞牙，富含蛋白质、脂肪、维生素等成分，具有补气养血、强筋健骨的功效，深受大众喜爱（图 5.10）。

【制作原料】

主料：牛尾 2 斤。

配料：生姜、蒜头、八角、桂皮、草果、香叶、辣椒、香葱各适量。

调料：精盐、味极鲜酱油、白糖、味精、料酒、麻油各适量。

【制作方法】

（1）牛尾刮去毛，焯水后用清水洗去污血，斩成段待用。

（2）锅中加油烧至六成热，将牛尾段入油锅炸至淡黄色捞出。

（3）把生姜、蒜头、八角、桂皮、草果、香叶、辣椒用纱布包好做成香料包，锅中加水、香料包、精盐、味极鲜酱油、白糖、味精、料酒、麻油，加入牛尾段，用小火烧至酥烂，待汤汁变浓，盛入盘中即可。

图 5.10　红烧牛尾

5.3.3 红烧牛角膜

【品种简介】

红烧牛角膜是夏茂一带的民间传统菜肴，此菜取自牛角内膜，成品色泽金黄，香脆醇厚，具有清热解毒、凉血止血、定惊降燥之功效，深受大众喜爱（图 5.11）。

【制作原料】

主料：牛角内膜 2 斤。

配料：青红椒、生姜、蒜头、八角、桂皮、辣椒、香葱（打结）各适量。

调料：精盐、味极鲜酱油、白糖、味精、料酒、芝麻油各适量。

【制作方法】

（1）将牛角内膜剔除杂皮洗净，放入不锈钢桶，加水、生姜、蒜头、八角、桂皮、辣椒、香葱结、料酒，大火烧开，小火烧至软烂。

（2）将烧好的牛角内膜改刀切成小块待用，取小碗将味极鲜酱油、精盐、白糖、味精、料酒、芝麻油调成味汁待用。生姜、香葱和青红椒切片待用。

（3）锅烧热加油，放入姜片、葱片煸香，倒入牛角内膜炒熟，加入青红椒片，淋入味汁，即可起锅装盘。

图 5.11　红烧牛角膜

5.3.4 干烧牛蹄筋

【品种简介】

干烧牛蹄筋是夏茂一带的民间传统菜肴。此菜品滑爽酥香，味鲜口利，有益气补虚、温中暖中、补血活血、活络筋骨之功效，能增强细胞生理代谢功能，有良好的强筋壮骨作用，深受中老年人喜爱（图 5.12）。

【制作原料】

主料：鲜牛蹄筋 600 克。

配料：生姜、蒜头、青红椒、香葱、地瓜粉各适量。

调料：味极鲜酱油、白糖、味精、料酒、芝麻油各适量。

图 5.12　干烧牛蹄筋

【制作方法】

（1）牛蹄筋焯水用清水洗净，生姜、蒜头洗净去皮切片，香葱打结，青红椒切片。

（2）锅中加水烧开，放入鲜牛蹄筋、姜片、蒜片、香葱结、料酒，小火煨，捞出改刀成条待用。

（3）锅烧热加油放入姜片、蒜片煸香，倒入牛蹄筋，加水、味极鲜酱油、白糖、味精、料酒，小火烧至牛蹄筋酥烂后，投入青红椒片稍焖，勾薄芡、淋芝麻油盛入盘中即可。

5.3.5　红烧牛排

【品种简介】

红烧牛排系夏茂一带的民间传统菜肴。此菜品采用牛肋排作为食材，成品色泽暗红，咸鲜醇厚，软烂不塞牙，具有补中益气、滋养脾胃、强健筋骨、化痰息风、止咳止涎之功效，深受大众喜爱（图 5.13）。

【制作原料】

主料：牛肋排 2 斤。

配料：生姜、蒜头、八角、桂皮、辣椒、香葱（打结）各适量。

调料：精盐、味极鲜酱油、白糖、味精、料酒、芝麻油各适量。

图 5.13　红烧牛排

【制作方法】

（1）将牛肋排砍成块，焯水后用冷水洗净，放入不锈钢桶，加水、生姜、蒜头、八角、桂皮、辣椒、香葱结、料酒，大火烧开，小火烧至软烂。

（2）将精盐、味极鲜酱油、白糖、味精、芝麻油调成汤汁待用。

（3）锅烧热加油，放入葱头、姜片、葱片煸香，倒入牛肋排，加汤汁勾薄芡即可起锅装盘。

5.4　药膳类菜肴

5.4.1　药膳牛鞭

【品种简介】

药膳牛鞭系夏茂牛系列菜品之一，它富含雄性激素、胶原蛋白质、脂肪，可补肾扶阳，对肾虚阳萎、腰膝酸软等症具有疗效，也是女性美容驻颜首选之佳品，是一道深受大众欢迎的美食（图 5.14）。

【制作原料】

主料：鲜牛鞭（牛冲）1 具。

配料：枸杞、党参、黑枣、香葱（打结）、生姜各适量。

调料：精盐、料酒、鸡汤、味精、茶油各适量。

【制作方法】

（1）将鲜牛鞭用清水煮至柔嫩取出，顺尿道剖成两片，除掉尿道膜并刮洗干净，剞上菊花花刀后改刀成段。

（2）香葱结、姜片、料酒和改刀后的牛鞭一同放入水锅中加热煨制。

（3）锅烧热加茶油烧至六成热，将葱、姜丝煸香后投入煨好的牛鞭，加精盐、料酒、鸡汤、枸杞、党参、黑枣等调味品烧开，撇去浮沫，盛入砂锅小火烧至入味即可。

图 5.14 药膳牛鞭

5.4.2 药膳牛腩

【品种简介】

药膳牛腩也系夏茂牛系列菜品之一。此菜取牛腹部及靠近牛肋处的松软肌肉，富含优质蛋白质，有暖胃的作用，为寒冬时节之补益佳品（图 5.15）。

【制作原料】

主料：牛腩 2 斤。

配料：生姜、白萝卜、当归、枸杞各适量。

调料：精盐、味精、料酒各适量。

【制作方法】

（1）将牛腩切条焯水后用冷水洗净，白萝卜切滚刀块，生姜洗净拍松，当归、枸杞洗净待用。

（2）锅置火上烧热加油，将生姜、牛腩炒至水干，加入料酒烧 15 分钟，加水烧开，倒入瓦罐中，加入当归、枸杞、萝卜块，用小火烧至软烂，放入精盐、味精、料酒即可食用。

图 5.15 药膳牛腩

5.5 汤羹类菜肴

5.5.1 牛肉丸

【品种简介】

牛肉丸系夏茂客家常见食品，因脆嫩香韧而备受广大群众喜爱，并且流行于各地（图 5.16）。

【制作原料】

主料：牛腿肉 2 斤。

配料：淀粉、生姜各适量。

调料：精盐、红酒、味精、芝麻油、胡椒粉、香葱、高汤各适量。

【制作方法】

牛肉丸的制作方法有两种。

第一种是手工制作方法：将牛腿肉剔去筋膜，用木槌在石砧上捶打成肉泥。精盐 10 克加水 500 克化开，添入肉泥中，每加一次水，用竹板顺一定方向搅拌，最后加入淀粉搅匀，稀稠以用手捞起恰可从指缝间漏出为好。用左拇指与食指环握，从指缝中挤出圆状小丸，右手用小匙蘸水将肉丸舀起放入盐水中。丸子做好后，倒入锅中用中火余熟，捞起装于大盆中备用。

图 5.16　牛肉丸

第二种是将牛腿肉、精盐、水、生姜、味精一起放入机器中快速搅拌成肉泥，加入淀粉，再用手挤成丸子，下水中成形。丸子做好后，倒入锅中用中火余熟，捞起装于大盆中备用。

锅置旺火上，倒入高汤，放精盐、红酒、味精烧沸，注入汤碗牛肉丸中，撒胡椒粉、滴芝麻油、撒葱花即可上桌。

5.5.2　红菇牛脑

【品种简介】

红菇牛脑系夏茂牛系列菜品之一。牛脑味甘、性温，具有养血息风、生津止渴、消食化积之功效；红菇味甘性温，有补虚养血、滋阴、清凉解毒之功效，还具有增加机体免疫力和抗癌等作用。两者合一经常食用，可使人皮肤细润、精力旺盛、益寿延年。菜品清香软嫩，备受大众喜爱，并且流行于各地（图 5.17）。

【制作原料】

主料：牛脑 1 副。

配料：红菇、生姜各适量。

调料：精盐、料酒、味精各适量。

【制作方法】

（1）牛脑入清水淹没，用手托着撕尽血筋，入微开水锅中余熟后，切成块待用。

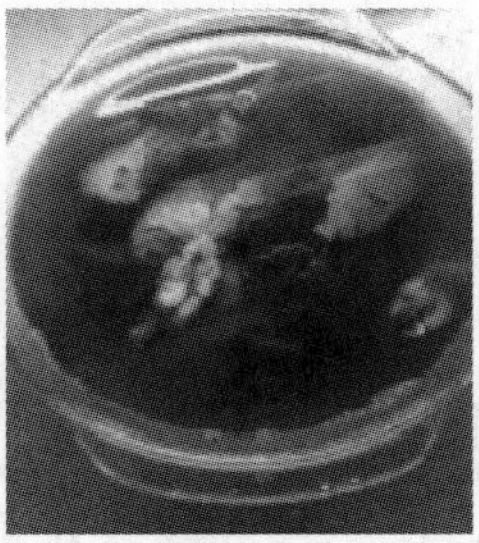

图 5.17　红菇牛脑

（2）红菇切去菇脚，洗净泥沙，用清水浸泡。

（3）将切好的牛脑盛入砂锅中，加入料酒、生姜炖 20 分钟，再加入红菇和浸泡红菇水、精盐、味精炖 15 分钟即可。

复习思考题

1．夏茂牛系列有哪几种烹调方法？

2．用牛各部位的原料制作的菜肴对人体都有哪些功效？

3．药膳牛腩取自牛的哪个部位？有何营养价值？

第6章　沙县炖罐系列

6.1 炖罐概述

【品种简介】

炖罐是沙县小吃店的常备品种，原料有全荤料、荤素料搭配、食药料搭配、全素料四类，食用方便，营养丰富，深受大众喜爱。

【制作原料】

（1）荤原料：猪排骨、猪脚、猪内脏（肝、心、肚、腰、肠），鸡、鸭、牛、羊、狗、兔、蛇、鸽等。

（2）荤素料搭配：荤料（如排骨）炖淮山、鸡松茸、茶树菇、冬菇、黄豆、赤豆、莲藕、雪梨、竹笋、苦瓜、萝卜、木耳、花生、香芋（槟榔芋）、腐竹、栗子等。

（3）食药料搭配：荤料加中草药炖制效果更佳，如荤料炖人参、枸杞、当归、杜仲、鹿角胶、王不留行、薏米、玉竹、党参等。

【制作方法】

（1）将原料用开水焯过，放入炖罐，添水用大火烧开，小火炖烂，也可预先炖好保温备用。

（2）荤素料搭配炖，易烂、易糊的素原料应待荤料炖熟后再放入，以便同时成熟。

6.2 天麻猪脑盅

【品种简介】

天麻有平肝息风止痉的作用，用之炖猪脑具有补脑疗效，对慢性头痛者具有食疗作用（图6.1）。

【制作原料】

主料：鲜猪脑1副。

配料：天麻、枸杞、生姜各适量。

调料：红酒少许。

【制作方法】

（1）挑去猪脑表面的一层膜，清洗干净改刀成小块状；生姜切片待用。

（2）将加工好的猪脑、天麻、枸杞、生姜放入炖盅里加红酒、水，上蒸笼旺火炖20分钟即可。

图6.1　天麻猪脑盅

6.3　茶树菇排骨盅

【品种简介】

茶树菇有补肾滋阴、健脾益胃之功效，用之炖排骨可以提高体弱者的免疫力（图 6.2）。

【制作原料】

主料：排骨。

配料：茶树菇、生姜各适量。

调料：精盐、味精各适量。

【制作方法】

（1）排骨斩小块，焯水后洗去污血；茶树菇切去老根，洗净待用。

（2）将排骨和茶树菇放入炖盅里加精盐、水，上蒸笼旺火炖 40 分钟，放入味精调味即可。

图 6.2　茶树菇排骨盅

6.4　花旗参乳鸽盅

【品种简介】

乳鸽有补肝壮肾、益气补血、清热解毒之功效，花旗参有补气养阴、清火生津之功效，两者同食可使大病初愈者更快恢复体力（图 6.3）。

【制作原料】

主料：乳鸽一只。

配料：花旗参、生姜各适量。

【制作方法】

（1）乳鸽斩小块，焯水后洗去污血；花旗参切片，洗净待用。

（2）将乳鸽和花旗参放入炖盅里加生姜、水，上蒸笼旺火炖 40 分钟即可。

图 6.3　花旗参乳鸽盅

6.5　黄花菜根瘦肉盅

【品种简介】

黄花菜根有散瘀消肿、祛风止痛、生肌疗疮之功效，和瘦肉同炖可清凉解毒，是夏令季节必备菜品（图 6.4）。

【制作原料】

主料：瘦肉。

配料：黄花菜根、生姜各适量。

调料：精盐少许。

【制作方法】

（1）瘦肉切小块，焯水后洗去污血；黄花菜根切小段，洗净待用。

（2）将瘦肉块和黄花菜根段放入炖盅，加生姜、精盐、水，上蒸笼旺火炖 40 分钟即可。

图 6.4　黄花菜根瘦肉盅

6.6　莲子猪肚盅

【品种简介】

莲子有补脾止泻、益肾固精、养心安神的功效，猪肚有补中益气、止泻消积的作用，两者同炖特别适宜产妇食用（图 6.5）。

【制作原料】

主料：猪肚。

配料：莲子、生姜各适量。

调料：精盐少许。

【制作方法】

（1）猪肚洗净切小块焯水，莲子用水泡 20 分钟洗净待用。

（2）将猪肚放入炖盅，加生姜、水，上蒸笼旺火炖 30 分钟后，放入莲子再炖 15 分钟，加精盐调味即可。

图 6.5　莲子猪肚盅

6.7　石橄榄鸭母盅

【品种简介】

石橄榄有敛阴生津、清肺润燥、养胃止咳的功效，鸭母（母鸭）具有清热解毒的功效，两者同炖是夏秋季节之必备菜品（图 6.6）。

【制作原料】

主料：鸭母。

配料：石橄榄、生姜各适量。

调料：精盐、味精各少许。

【制作方法】

（1）鸭母剁小块，焯水后洗去污血；石橄榄洗净待用。

（2）将鸭母块和石橄榄放入炖盅，加生姜、精盐、水，上蒸笼旺火炖 40 分钟，加味精调味即可。

图 6.6　石橄榄鸭母盅

复习思考题

1．沙县炖罐有何特点？有几大类型？

2．在制作沙县炖罐时要注意哪些事项？

3．药膳炖罐对人体有何益处？

第7章　食品雕刻

7.1　食品雕刻概述

7.1.1　食品雕刻的意义

食品雕刻是一种美化宴席、陪衬菜肴、烘托气氛、增进友谊的造型艺术，不论是国宴，还是家庭宴席，都能显示出其艺术的生命力和感染力，使人们在得到物质享受的同时，也能得到艺术享受。一盘精美的菜肴如果陪衬着一个贴切菜肴的雕刻作品，就会使菜肴更加光彩夺目，使人不忍下箸，如“火龙串烧三鲜”“凤凰戏牡丹”“天女散花”“英雄斗志”“渔翁钓鱼”等，由于菜肴和雕刻作品浑然一体，二者在寓意与形态上达到和谐统一的境界。

7.1.2　如何学好食品雕刻

食品雕刻技术大多是厨师根据个人的实践经验逐渐摸索和积累起来的，不是一朝一夕之功。要想学好这门技艺，一方面要加强雕刻刀法的训练；另一方面，要具有一定的艺术素养，掌握基本的构图知识，并在日常生活中经常锻炼自己的形象表达能力，不断实践和总结经验，使之精益求精。只有这样，才能真正掌握这门技艺，并在工作中一展身手。

7.2　食品雕刻常用原料

食品雕刻的常用原料有两大类，一类是质地细密、坚实脆嫩、色泽纯正的蔬菜的根、茎、叶、瓜、果等；另一类是既能食用又能供观赏的熟食食品，如蛋类制品。最为常用的是前一类。

7.2.1　食品雕刻常用蔬菜品种

现将食品雕刻常用蔬菜品种的特性及用途介绍如下。

（1）青萝卜：体形较大，质地脆嫩，适合刻制各种花卉、飞禽走兽、风景建筑等，是比较理想的雕刻原料。秋、冬、春三季均可使用。

（2）胡萝卜、水萝卜、莴笋：这3种蔬菜体形较小，颜色各异，适合刻制各种小型的花、鸟、鱼、虫等。

（3）红菜头：又称血疙瘩，由于色泽鲜红、体形近似圆形，因此适合雕刻各种花卉。

（4）马铃薯、红薯：质地细腻，可以刻制花卉和人物。

（5）白菜、洋葱：用途较为狭窄，只能刻一些特定的花卉，如菊花、荷花等。

（6）冬瓜、西瓜、南瓜、茭瓜、玉瓜、黄瓜：这些瓜的内部是带瓤的，可利用其颜色、

形态刻制各种浮雕图案。若去其内瓤，还可作为盛器使用，如瓜盅和镂空刻制瓜灯。黄瓜等小型瓜类可以用来雕刻昆虫，起装饰、点缀作用。

（7）红辣椒、青椒、香菜、芹菜、茄子、红樱桃、葱白、赤小豆：主要用作雕刻作品的装饰。

7.2.2　选用食品雕刻原料的原则

在选择食品雕刻的原料时，需要注意以下几项原则。

（1）要根据雕刻作品的主题来进行选择，切不可无的放矢。

（2）要根据季节来选择原料，因为蔬菜原料的季节性很强。

（3）选择的原料尤其是坚实部分必须是无缝隙、无瑕疵，纤维整齐、细密，分量重，颜色纯正。因为食品雕刻作品，只有表面光洁、富有质感，才能使人们感受它的美。

7.2.3　食品雕刻的原料、成品和半成品的保管

食品雕刻原料、成品、半成品，由于受到自身质地的限制，若保管不当极易变质，既浪费原料又浪费时间。为了尽量延长其储存和使用时间，现介绍几种贮藏方法。

（1）原料的保存：瓜果类原料多产于天气较热的夏秋两季，因此，宜将原料存放在空气湿润的阴凉处，这样可保持水分不蒸发。萝卜等产于秋季，用于冬天，宜存放在地窖中，上面覆盖一层的 0.3 米厚的沙土，以保持水分，防止冰冻，可存放至春天。

（2）半成品的保存：把半成品用湿布或保鲜膜包好，以防止水分蒸发，变色。尤其要注意的是，千万不要将半成品放入水中，因为放入水中浸泡，会使其吸收过量水分而变脆，不宜继续雕刻。

（3）成品的保存：一是将雕刻作品放入清凉的水中浸泡，可加少许白矾，以保持水的清洁，如发现水变浑或有气泡，需及时换水；二是低温保存，即将雕刻作品放入水中，移入冰箱或冷库，以不结冰为宜，使之长时间不褪色，质地不变，延长使用时间。

7.3　食品雕刻的类型与特点

食品雕刻（图 7.1）涉及的内容非常广泛，品种也多种多样，采用的雕刻形式也有所不同，大致可分为以下 4 种。

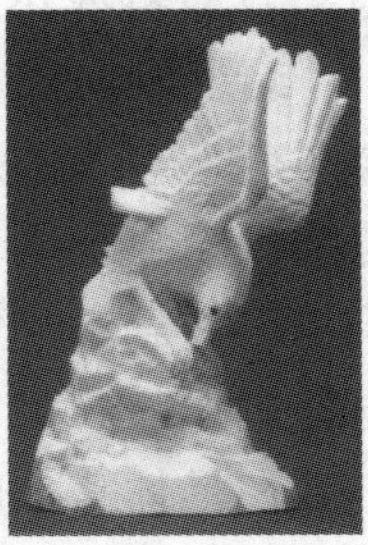

1. 整雕

整雕又叫立体雕刻，就是把雕刻原料刻制成立体的艺术形象。它在雕刻技法上难度较大，要求也较高，成品具有真实感和使用性强等特点。

图 7.1　食品雕刻

2. 浮雕

浮雕，顾名思义就是在原料的表面上表现出画面的雕刻方法。其又有阴纹浮雕和阳纹浮雕之分。阴纹浮雕是用“V”形刀，在原料表面插出“V”形的线条图案，

此法在操作时较为方便；阳纹浮雕是将画面之外的多余部分刻掉，留有“凸”形，高于表面的图案。这种方法比较费力，但效果很好。另外，阳纹浮雕还可根据画面的设计要求，逐层推进，以达到更高的艺术效果。此法适合于刻制亭台楼阁、人物、风景等，具有半立体、半浮雕的特点，难度和要求较大。

3. 镂空

镂空，一般是在浮雕（形成）的基础上，将画面之外的多余部分刻透，以便更生动地表现出画面的图案，如“西瓜灯”等。

4. 模扣

模扣，在这里是指将不锈钢片或铜片弯曲制成的各种动物、植物等的外部轮廓的食品模型，使用时，可将雕刻原料切成厚片，用模型刀在原料上用力向下按压成型，再将原料一片片切开，或配菜，或点缀于盘边。若是熟制品，如蛋糕、火腿等，可直接入菜，以供食用。

7.4 食品雕刻的运用与注意事项

7.4.1 食品雕刻在菜肴中的运用

食品雕刻作品的使用是多方面的，它不仅是美化宴席、烘托气氛的造型艺术，而且在与菜肴的配合上更能表现出其独到之处。它能使精美的菜肴锦上添花，成为艺术佳品，又能和一些菜肴在寓意上达到和谐统一，令人赏心悦目，耐人寻味。

菜肴对食品雕刻作品的使用是有选择的，应根据菜肴的内容和具体要求来决定食品雕刻作品的形态和使用方法。

把食品雕刻用到凉菜上，一般是将雕刻作品的部分部件配以凉菜的原料，组成一个完整的造型，如“孔雀开屏”，孔雀的头是雕刻的，而身体的其他部位，如羽毛等，则是用黄瓜、火腿肠、酱牛舌、拌鸡丝、鹌鹑蛋、辣白菜等荤素原料搭配而成的，从而使雕刻作品与菜肴原料浑然一体。

食品雕刻在热菜中的运用，则要从菜肴的寓意、谐音、形状等方面来考虑。例如，“荷花鱼肚”这道热菜，配以一对鸳鸯雕刻，则成了具有喜庆吉祥寓意的“鸳鸯戏荷”；再如“扒熊掌”配上一座老鹰雕刻，借其谐音，则成“英（鹰）雄斗志”，顿时妙趣横生。从造型上构思，一盘浇汁鱼的盘边，配上一个手持鱼竿的渔童雕刻，即成“渔童垂钓”，使整个菜肴与雕刻作品产生协调一致的效果。

在具体摆放时，凉菜与雕刻作品可以放得近一些，热菜与雕刻作品则要远一些，如在雕刻作品的周围用鲜黄瓜片、菜花等进行围边，既增加装饰效果，又不相互影响。

总之，食品雕刻应用灵活多变，无论是陪衬菜肴，还是美化台面，在造型上要求都很严格，这就要求厨师既要有美食家的风格，又具有艺术家的风采，使食品雕刻真正成为烹

饪技术中不可缺少的组成部分。

7.4.2　食品雕刻前的注意事项

为了使雕刻出的作品达到预期的效果，在雕刻之前，应注意以下几点要求。

（1）了解宴会形式。宴会的形式多种多样，可简单分为祝寿宴、庆功宴、聚会宴、家宴、国际交往中的国宴、贸易往来的工作宴及大型酒会等。了解了宴会的形式，就可以刻制出与宴会形式相适应的雕刻作品，来烘托宴会气氛，如针对祝寿宴刻制“松鹤长春”“老寿星”等，针对喜庆宴刻制“龙凤呈祥”“鸳鸯戏水”“孔雀牡丹”等，针对庆功宴刻制“雄鹰展翅”“骏马奔腾”等。

（2）了解客人的风俗习惯。随着改革开放的深入发展，我国的国际交往越来越频繁，这就需要厨师更多地了解不同国家和地区人民的生活习惯、风土人情、宗教信仰、喜好、忌讳等，以便因客而异，刻制出客人喜爱的作品。

（3）突出主题。为了避免雕刻作品的杂乱无章，厨师在雕刻前应首先确定主题，构思所要雕刻作品的结构、比例（布局）等问题，确保主题突出，同时又要考虑到一些附加作品的陪衬作用，如“百鸟朝凤”作品的“百鸟”，“孔雀牡丹”中的“牡丹花”等。附加作品不要牵强附会、胡拼硬凑，以免画蛇添足，起不到画龙点睛的作用。

（4）精选原料与因材施艺，选料对雕刻作品的成败至关重要。厨师在选料时，不但要选择质优色美的原料，而且要在原料的形体方面加以考虑，一般来讲，原料与作品的大体形态近似，雕刻起来就比较顺利。对一些形状奇特的雕刻原料，厨师应充分发挥自己的想象能力，开阔视野，因材施艺，以便物尽其用，创作出新奇别致的艺术作品。

（5）注意食品卫生。由于食品雕刻作品与菜肴十分接近，同时又是宴会上菜前的“先行官”，因此，做好食品雕刻的卫生措施显得特别重要，这就要求厨师首先保持原料的清洁卫生、质地优良，不要使用变质或腐烂的原料，从而保证宴会的质量和客人的健康。

7.4　花卉及水果类食品雕刻的技艺与实例

食品雕刻中的花卉和水果类作品，应用最为广泛，也最受人们的欢迎。同时，它也是学习食品雕刻的基础，初学者大多从雕刻花卉入手，通过雕刻花卉掌握各种雕刻手法，熟悉食品雕刻的各种技巧。

1. 月季花

月季花的颜色有大红色、粉红色、白色、黄色、玫瑰色等。其层次排列比较均匀，叶瓣呈半圆形。月季花雕刻作品一般以大萝卜、牛腿瓜（实心部位）、土豆等为主要原料。其雕刻顺序：将萝卜切成长约 5 厘米的圆柱体，随后利用旋的刀法将圆柱体的萝卜旋成圆台形状，然后在圆台的外部分出五等份的花瓣，由上至下刻出第一层花瓣，然后在花瓣的内侧旋去多余部分，再由外层的两片花瓣的开口处，交替刻出下一层花瓣的底型，刻出第二层花瓣，按此方法循环进行，再将花卉收好，即成为一朵盛开的月季花。

用这种雕刻方法，稍微加以修改，还可以刻出牡丹、芍药、玫瑰等其他花卉。

2. 荷花

荷花的颜色有白色、粉红色。其花叶宽大、叶薄，选料一般有大萝卜、血疙瘩、洋葱等。以大萝卜为原料的雕刻方法有以下两种。

一种是选用直径粗大的萝卜，切成 6 厘米长的圆柱体，用旋的刀法将圆柱体旋成圆台形状 ［图 7.2（a）］，然后将圆台分成 6 个相等的花瓣底形［图 7.2（b）虚线部分］，刻出外层的第一层大花瓣，将花瓣的上部修成尖形［图 7.2（c）］，旋去花瓣内侧多余部分［图 7.2（d）］，再刻出第二层花瓣［图 7.2（e）］，然后，把花心部位刻去一截［图 7.2（f）阴影部分］，将花心的面修圆，在花心的面上用圆口刀转出若干圆孔，在圆孔中加入胡萝卜或蒜薹，这样一朵荷花就刻好了［图 7.2（g）］。

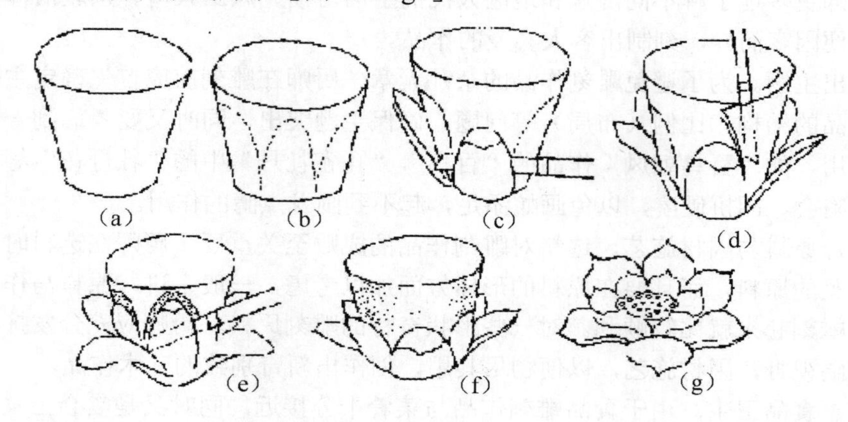

图 7.2　雕刻荷花

另一种方法是用大号半圆形刀，在原料截面的中间转刻出花心部分，刻度为 2 厘米左右，用刀刻成凹心状，再用勺形刀在凹心的外壁斜插刻去一层，成为花瓣的底形，然后插刻出内层花瓣，用直刀旋去外层多余部分，再如上所述插刻出第二层花瓣，直接刻完。然后，修好底型和花心。在雕刻时，厨师应注意花瓣的层数不宜过多，否则不美观。用这种方法刻出的荷花形象逼真，具有质感。

3. 菊花

雕刻菊花的原料一般有萝卜、土豆、大白菜等，由于菊花的品种不同，在造型上有着一些区别，在雕刻过程中，又有由外向里刻和由里向外刻两种手法。

由外向里的刻法：先将萝卜修成菊花的大体轮廓［图 7.3（a）］，用“V”形插刀由外层的上端向下插至根部［图 7.3（b）］，插出第一层花丝［图 7.3（c）］，然后利用旋的刀法，旋去多余的部分［图 7.3（d）］，再插出第二层花丝，这样逐渐由表及里一层层地进行刻制，收好花心，一朵含苞待放的菊花就雕刻成了［图 7.3（e）］。

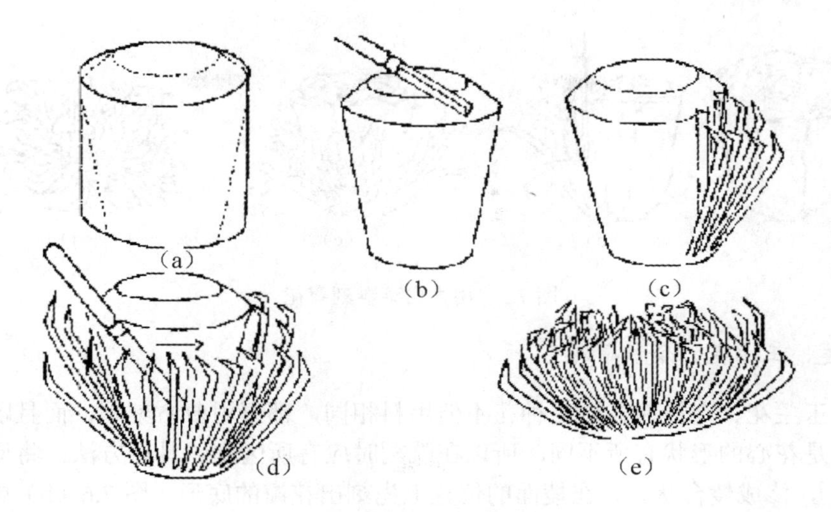

图 7.3　由外向里雕刻菊花

由里向外的刻法：首先在原料截面的中心，由中号半圆形插刀转刻出 3 厘米深的“凹”心［图 7.4（a）］，再用小型的“V”形或“U”形插刀插出里面的花丝［图 7.4（b）］，然后用直刀旋去外层多余部分［图 7.4（c）］，再用相应的插刀刻出第二层花丝，如此循环，修好花蒂即可成为一朵菊花［图 7.4（d）（e）］。

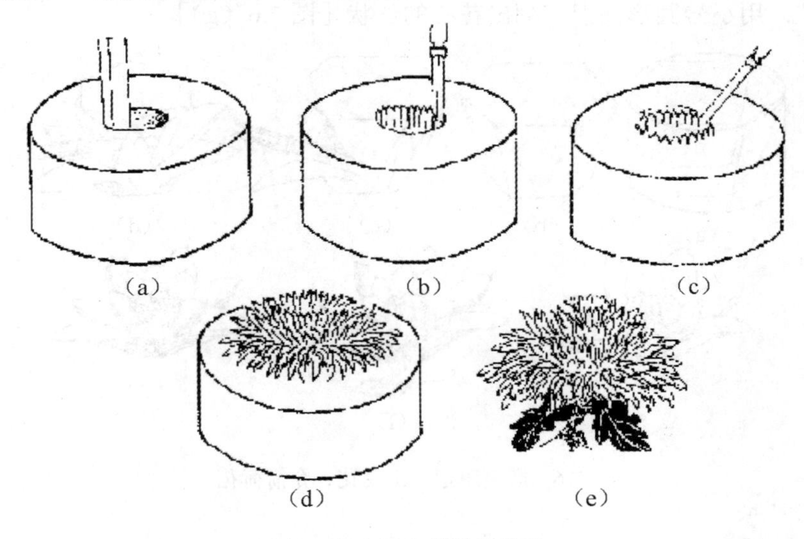

图 7.4　由里向外雕刻菊花

最后，再介绍一种以大白菜为原料雕刻的菊花。以大白菜为原料雕刻出的菊花，其优点是形象逼真、制作简单。首先选用菜心疏松的大白菜为原料，去掉外层的老帮、菜根、菜头［图 7.5（a）］，利用“V’形或“U”形插刀，在菜帮的外侧垂直插到菜根部，一片白菜帮上可刻出 5～6 丝菊花瓣［图 7.5（b）］，然后用手掰去多余部分，使花瓣间隔分明，层次突出［图 7.5（c）］。如此三番将菊花的外面几层刻好，再在菜心的内侧用同样的手法刻制出花丝，收好花心。刻好后，置于水中使其自然弯曲成菊花形状即可［图 7.5（d）］。

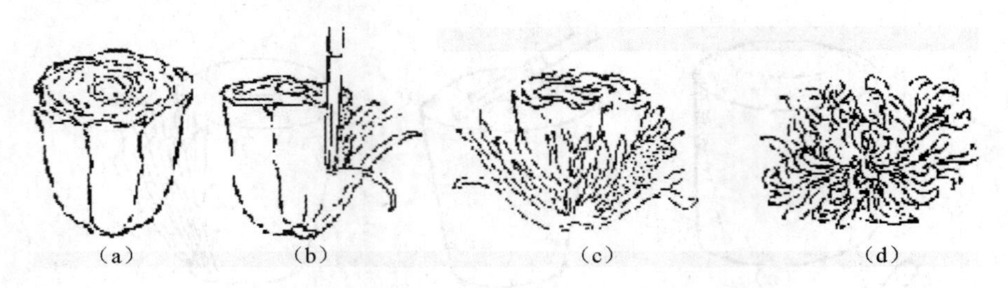

图 7.5 用大白菜雕刻菊花

4. 睡莲、玉兰花、令箭荷花

睡莲、玉兰花、令箭荷花这三种花不但用料相同，都可用萝卜刻制，而且雕刻步骤大体相同，只是花心的形状有所不同，所以在雕刻时应有所区别。具体方法：将原料切成段[图 7.6（a)]，修成棱台状体，在棱面的位置上先刻出花瓣的底形 [图 7.6（b）虚线部分]，然后，刻出第一层花瓣 [图 7.6（c)]，将刻出花瓣的位置刻平，把内部仍然修刻成六棱形，使棱的方向正好处在外层两片花瓣的中间位置 [图 7.6（d)]，再用上述手法刻出里面的几层后，即可处理花心部位。

睡莲花：将花心的部位刻去，再用直刀刻出密集的十字形花心 [图 7.6（e)]。

玉兰花：在雕刻时，直接收好花心，花心向内 [图 7.6（f)]。

令箭荷花：用小号圆形插刀，刻出花心的丝状 [图 7.6（g)]。

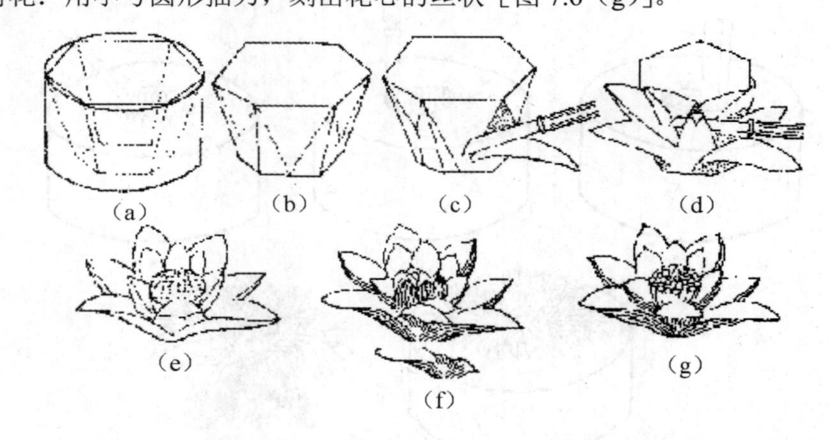

图 7.6 雕刻睡莲、玉兰花、令箭荷花

7.5 食品雕刻的手法

雕刻手法是指在执刀的时候，手的各种姿势。在食品雕刻过程中，执刀的姿势只有随着作品不同形态的变化而变化，才能表现出预期效果，符合主题要求，所以，只有正确掌握执刀方法，才能运用各种刀法雕刻出好的作品。现将几种常用雕刻手法介绍如下（图 7.7)。

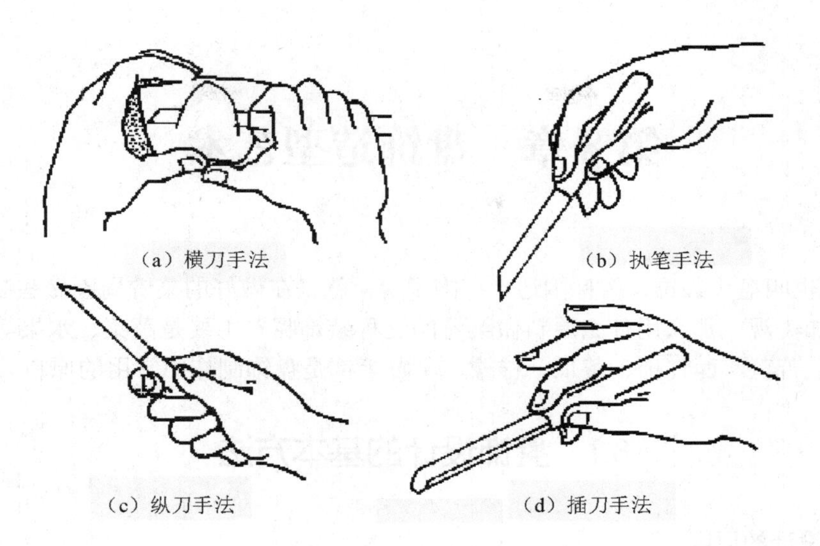

图 7.7　雕刻手法

（1）横刀手法。横刀手法是指右手四指横握刀把，拇指贴于刀刃的内侧，在运刀时，四指上下转动，拇指则按住所要刻的部位，在完成每一刀的操作后，拇指自然回到刀刃的内侧。此种手法适用于各种大型整雕及一些花卉的雕刻。

（2）纵刀手法。纵刀手法是指四指纵握刀把，拇指贴于刀刃内侧。运刀时，腕力从右至左匀力转动。此种手法适用于雕刻表面光洁、形体规则的物体，如各种花蕊的坯形、圆球、圆台等。

（3）执笔手法。执笔手法是指握刀的姿势形同握笔，即拇指、食指、中指捏稳刀身。此种手法主要适用于雕刻浮雕画面，如西瓜盅等。

（4）插刀手法。插刀手法与执笔手法大致相同，区别是小指与无名指必须按在原料上，以保证运刀准确，不出偏差。

复习思考题

1．食品雕刻有何意义？

2．食品雕刻常用原料有哪些？

3．怎样保存食品雕刻的原料、成品、半成品？

4．食品雕刻有哪些类型？

5．食品雕刻的注意事项是什么？

6．食品雕刻的手法有哪几种？

第8章　盘饰造型艺术

“盘饰”也叫盘头装饰，俗称围边、打围子等，就是在做好的菜肴周围做些装饰，使菜肴看起来更加美观。那么用什么原料做菜肴的这种装饰呢？主要是蔬菜、水果等可食性原料，如生菜、苦苣、西红柿、黄瓜、柠檬、草莓等都是盘饰制作中常用的原料。

8.1　盘饰设计的基本方法

8.1.1　盘饰设计的原则

在餐饮行业迅速发展的今天，饮食文化也在不断发展，盘饰艺术就是其中一个重要的方面。它不仅能对菜肴起到点缀的作用，更重要的是通过盘饰的造型提升菜肴艺术文化内涵。

盘饰要以衬托菜肴为主要目的，在形式和色彩上要能提高菜肴的档次，在设计上应遵循以下原则。

（1）注意装饰的色彩与盛器的色彩相协调。

（2）注意装饰的欣赏性和食用性相协调。

（3）对菜肴能够起到烘托的作用。

（4）注意装饰的大小、形式与菜点相协调。

（5）注意装饰的清洁卫生，忌费工、费时。

8.1.2　盘饰设计的形式

1. 环围式盘饰

环围式盘饰是指根据菜点特点和盛器形状，将经过加工处理的装饰原料在菜点周围环围成一圈，美化菜点的装饰形式。

环围式盘饰又可分平面环围式和立体环围式，如图8.1所示。

图8.1　环围式盘饰

2. 点缀式盘饰

点缀式盘饰是指根据菜点特点和盛器形状，将经加工成一定形状的围边原料在盛器的一点或多点进行美化菜点的装饰形式，如图 8.2 所示。

图 8.2　点缀式盘饰

3. 几何形装饰

几何形装饰是利用某些固有形态或经加工成特定的几何形状的原料，按照一定的顺序方向，有规律地排列、组合在一起，其形状一般多次重复，或连续，或间隔，排列整齐，有一种曲线美和环形美，如图 8.3 所示。

图 8.3　几何形装饰

4. 象形装饰

象形装饰是以大自然物象为模仿对象，用简洁的艺术方式提炼出活泼的艺术形象，这种方式能把零碎散乱而没有秩序的菜肴统一起来，使整体变得统一美观，如图 8.4 所示。

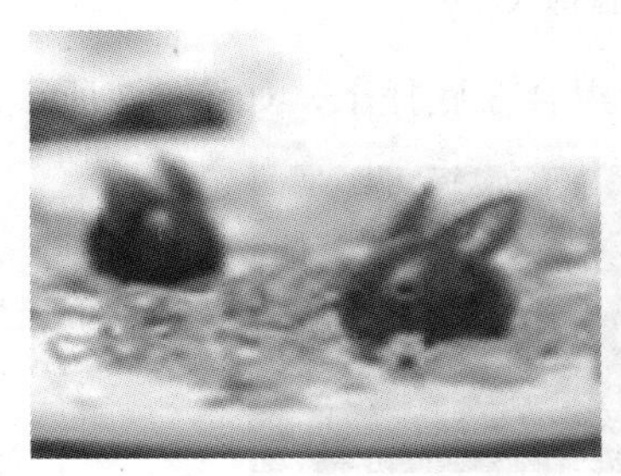

图 8.4　象形装饰

8.2　盘饰设计的种类

8.2.1　立体雕刻盘饰

我们以往见得最多的是中式盘饰，其特点是讲究形象逼真具体，讲究精雕细刻。举个例子，在中式盘饰围边中，如果要用一只雕刻的小鸟来做装饰的话，制作者一定会把小鸟雕刻得尽量精细和逼真，在盘中的摆放也要中规中矩，尽量像一幅工笔画那样精美细腻。

实例一：兰花盘饰

所用原料：芋头、青萝卜。

所用工具：喷枪、圆口戳刀、平面刻刀、金属底托、胶水。

制作方法：

（1）用圆口戳刀在芋头上戳出兰花的花瓣和花心，将花心用喷枪喷成黄色备用，如图 8.5 所示。

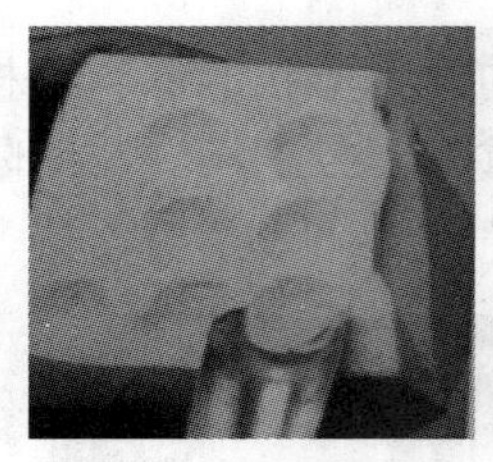
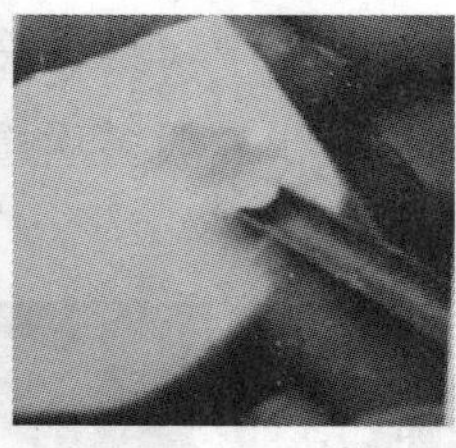
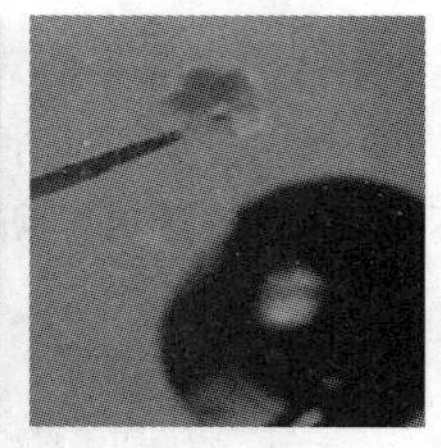

图 8.5　兰花盘饰（一）

（2）将花瓣和花心用胶水组合成花，如图 8.6 所示。

图 8.6　兰花盘饰（二）

（3）用青萝卜皮刻成兰花叶，再将花和叶组合在底托上，如图 8.7 所示。

图 8.7　兰花盘饰（三）

（4）用红色彩笔将兰花的边缘画成红色即成，如图 8.8 所示。

图 8.8　兰花盘饰（四）

实例二：山菊花盘饰

所用原料：白萝卜、胡萝卜、青萝卜。

所用工具：剪刀、平面刻刀、圆口戳刀、金属底托、胶水。

制作方法：

（1）用圆口戳刀在白萝卜上戳出野菊花的花瓣，再用剪刀将其修整圆滑，用平面刻刀在胡萝卜上刻出花心，如图 8.9 所示。

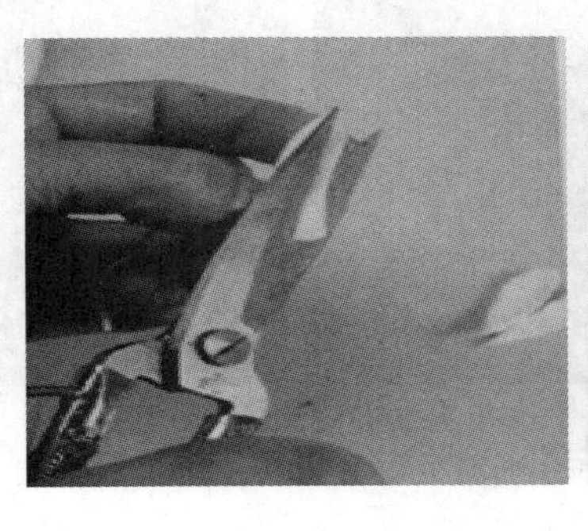
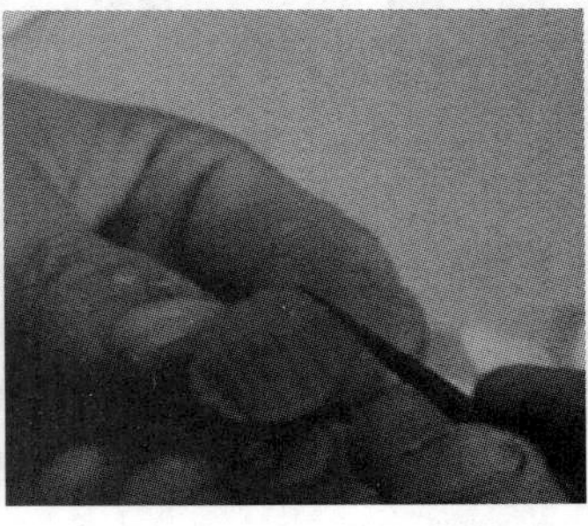

图 8.9　山菊花盘饰（一）

（2）将花瓣和花芯用胶水组合成花，如图 8.10 所示。

图 8.10　山菊花盘饰（二）

（3）用青萝卜皮刻成兰花叶，再将花和叶组合在底托上即成，如图 8.11 所示。

图 8.11　山菊花盘饰（三）

实例三：阳桃盘饰

所用原料：青萝卜、牛腿瓜。

所用工具：平面刻刀、圆口戳刀、金属底托、胶水、细砂纸。

制作方法：

（1）取一段青萝卜，用圆口戳刀刻出阳桃的基本形状，用细砂纸打磨光滑，如图 8.12 所示。

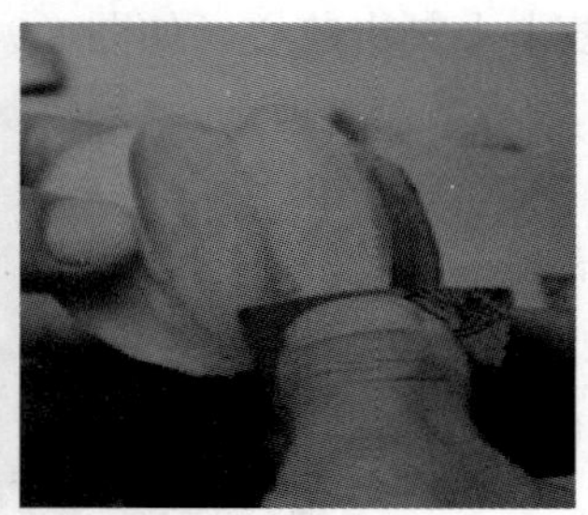

图 8.12　阳桃盘饰（一）

（2）用平面刻刀将牛腿瓜刻成树枝的形状，用细砂纸打磨光滑，如图 8.13 所示。

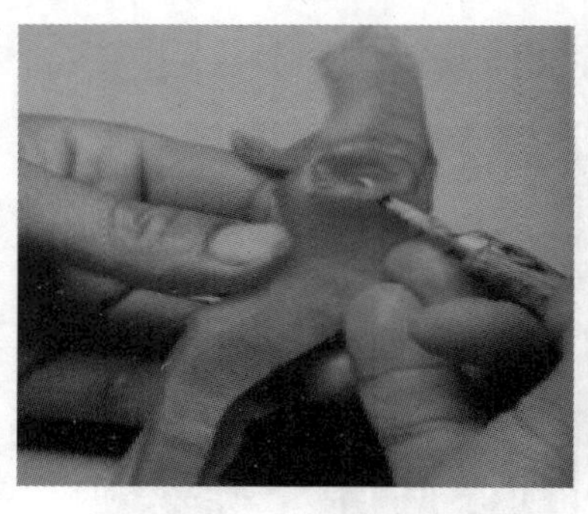
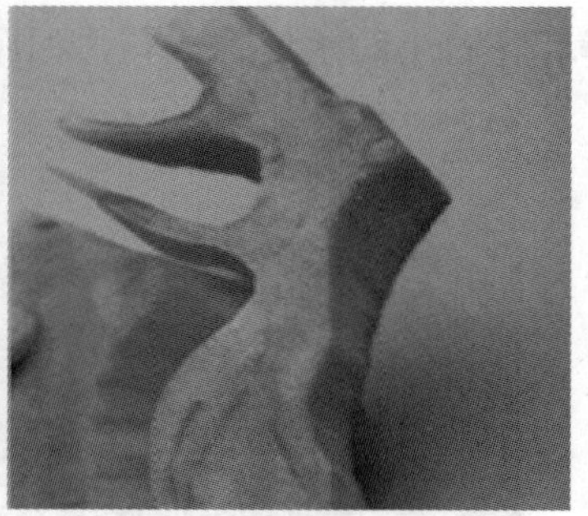

图 8.13　阳桃盘饰（二）

（3）用青萝卜刻出树叶，再将刻好的其他部分用胶水黏合在一起即成，如图 8.14 所示。

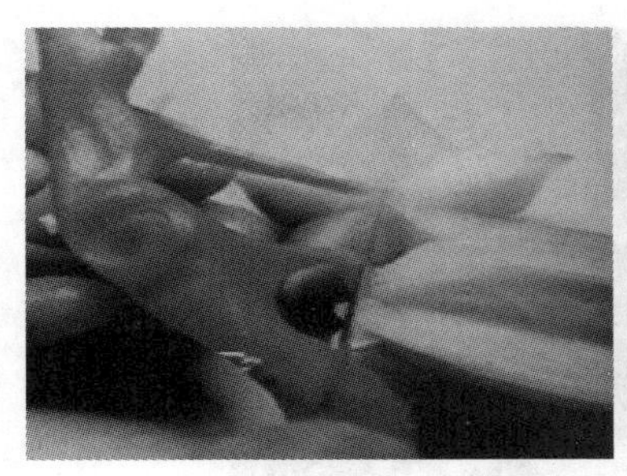

图 8.14　阳桃盘饰（三）

实例四：器物盘饰

所用原料：芋头、青萝卜。

所用工具：喷枪、圆口戳刀、平面刻刀、金属底托、胶水。

制作方法：

（1）取一块芋头刻成木桶的形状，如图 8.15 所示。

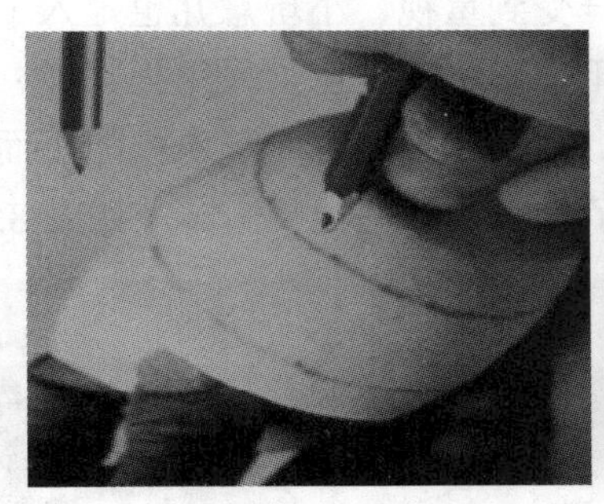
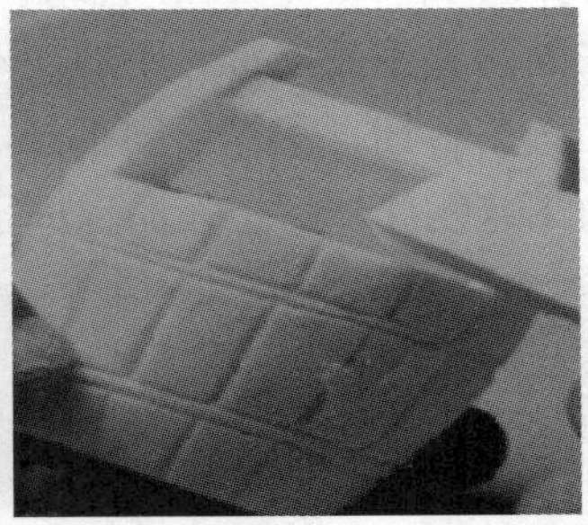

图 8.15　器物盘饰（一）

（2）用青萝卜刻成树枝和树叶，用喷枪将树叶喷成橙黄色，如图 8.16 所示。

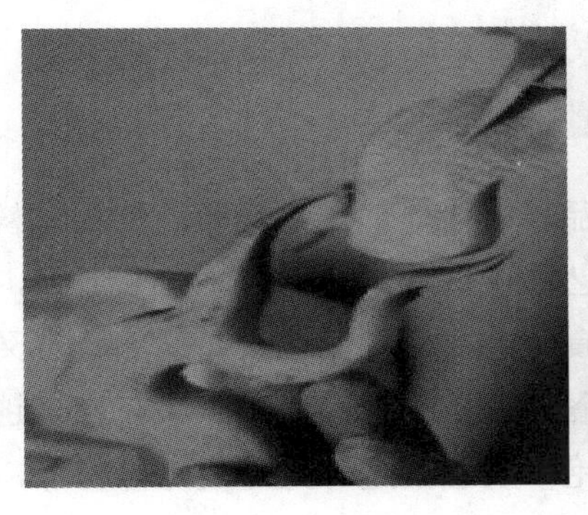
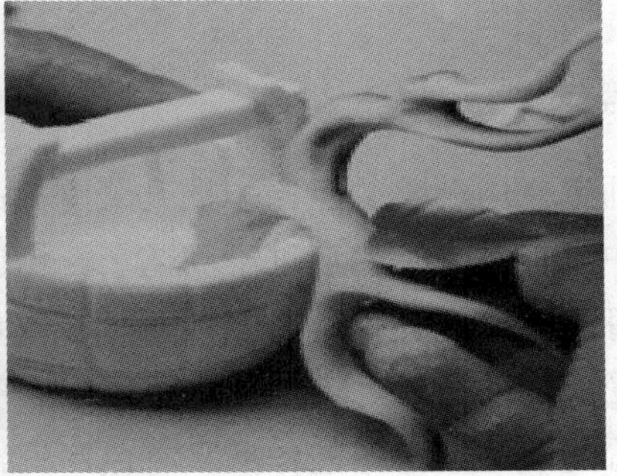

图 8.16　器物盘饰（二）

（3）将刻好的各部分用胶水组合起来，如图 8.17 所示。

图 8.17　器物盘饰（三）

8.2.2　面塑盘饰

面塑盘饰以糯米面为主料，调成不同色彩，用手和简单工具塑造出各种栩栩如生的形象。如今面塑艺术作为珍贵的非物质文化遗产受到重视，小玩意儿也走入了艺术殿堂。经过长期摸索，现在的面塑作品不霉、不裂、不变形、不褪色，采用捏、搓、揉、掀，用小竹刀灵巧地点、切、刻、划、塑等不同手法，栩栩如生的艺术形象便随手而成。随着社会的进步，饮食业的飞速发展，面塑作品也成了餐桌上常见的装饰品，如图 8.18 所示。

 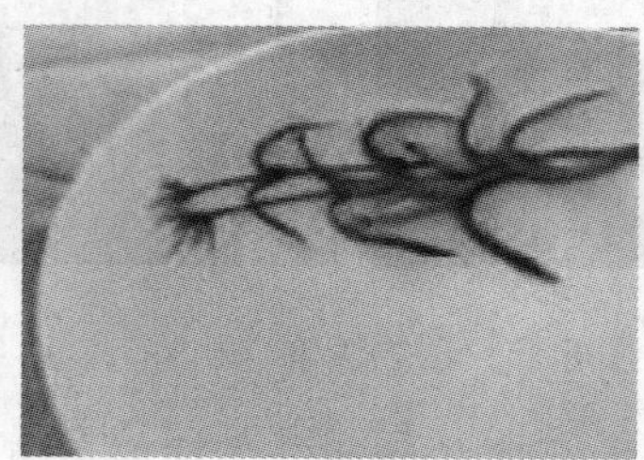 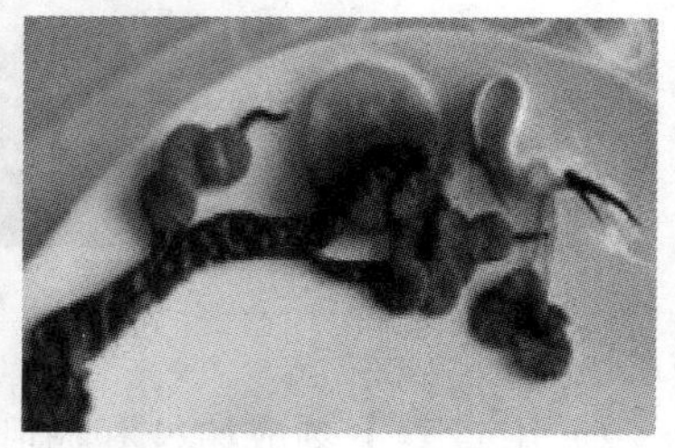

图 8.18　面塑盘饰

8.2.3　糖艺盘饰

很多厨师选择用精美的盘饰去提升菜肴的品质，而他们做盘饰所用到的材料也是多种多样的，其中最具时尚感的莫过于糖艺了。糖艺在中餐业的运用似乎愈来愈多，这是因为糖艺作品本身造型美观且表现力强，而且不像食雕或面塑，糖艺作品既能欣赏又可食用，因此眼下很受人们的喜爱。糖艺原本只用于西餐、西点的装饰美化，现在越来越多地运用到了中式菜肴的装饰中。糖艺作品具有色彩鲜艳、质感剔透、光泽度好等特点，但因为其制作起来比较复杂，并且对操作者也有一定的专业技术要求，所以目前精通糖艺的厨师较少。为了使学习者更直观地看到糖艺盘饰的制作，本书展示了以下几种糖艺作品，如图 8.19 所示。

图 8.19　糖艺盘饰

8.2.4　西餐盘饰

西餐盘饰利用各种可食用的水果或蔬菜原料以及一些美丽的花卉等进行切配，制作成一定的图案造型后放置在盘子中心或一侧，用于装饰菜点，有时也和果酱画结合使用。常见的原料，水果类的有苹果、樱桃、猕猴桃、橙子、柠檬、芒果、菠萝、西瓜、火龙果、草莓等；蔬菜类的有黄瓜、番茄、青椒、红椒、蒜薹、西兰花、萝卜等，花卉原料有袖珍玫瑰、小菊花、百合、康乃馨、满天星、情人草、蝴蝶兰等；叶茎类原料有天门冬、高山羊齿蕨、蓬莱松、巴西叶、散尾葵等。西式盘饰不需要特别精细的雕刻或者很少用到雕刻，其造型特点是比较简单、抽象，充满意境美、空间美、曲线美。一片生菜叶，两片番茄，几根小葱，很随意地一摆，捎带着淋一点酱汁，看似像点什么，细看却什么也不像。在这似与不似之间，却充满了梦幻般的美感，没有经验的人，没有一定审美观点的人，是做不出这样的效果的。所以，西式盘饰围边是一种经过了加工的艺术，是一门经过了提炼的艺术，如图 8.20 所示。

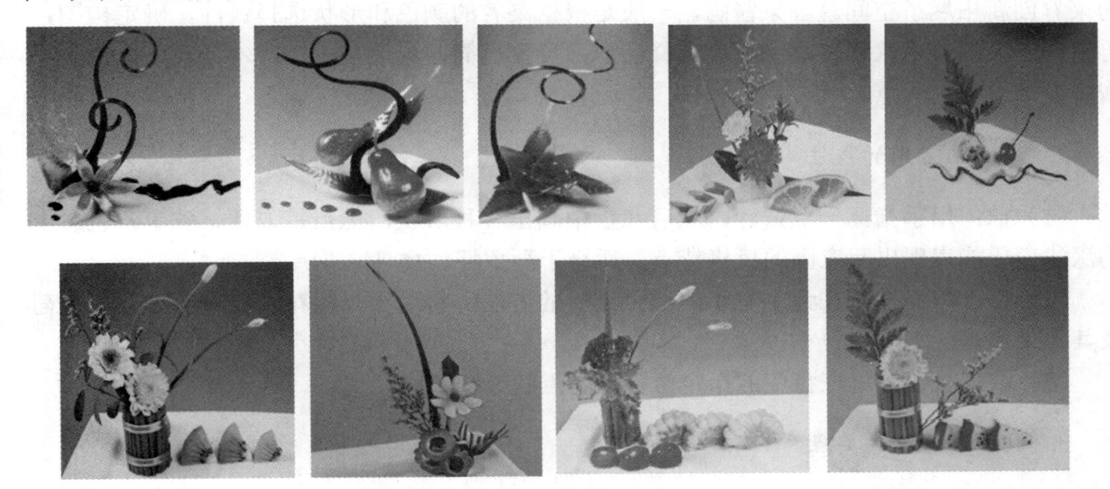

图 8.20　西餐盘饰

8.2.5　果酱画盘饰

现在的餐饮业中流行一种新的菜肴装饰技术，叫作果酱画，就是用果酱（也可以用巧克力酱、酱汁、黑醋汁、蓝莓酱、蚝油等）在盘边画成美观漂亮的图案，用以装饰菜肴的方法。

这种图案可以是简单的装饰花纹，也可以是抽象的曲线，还可以是写意的花鸟鱼虾，或是优美飘逸的中文或英文书法。总之，只要是简单漂亮的图案，只要是能给菜肴增光添彩的图案符号，都可以画。也有人把果酱画叫作“酱画”“盘画”，或者叫“画盘”。应该说，果酱画技法的流行，起源于西餐西点中酱汁的使用。因为在西餐中，厨师常把用于调味的酱汁淋在盘边成一定的图案，供客人用餐时蘸食，所以这种酱汁是具有调味和美化菜肴两种功能的，中餐厨师则习惯把酱汁浇淋在菜肴上（其功能主要是调味）。随着西式盘饰的流行，越来越多的中餐厨师看中了酱汁的这种装饰功能，不断探索，不断研究，并尝试调制出各种酱汁、酱料，花样越来越多，技法也越来越成熟，所以才使果酱画技术在当今的餐饮业中大为流行。

1. 果酱画的特点

1）制作过程快捷方便

技术熟练的厨师，一分钟可画几个十几个盘子，效率之高，速度之快，非果蔬雕、面塑、糖艺、插花之类可比，而且容易保存，节省空间，容易清洗，无干瘪、损坏、褪色之虞。

果酱画装饰效果好、档次高、有意境、艺术感强，适应了现代餐饮业发展。

2）技术难度低，可操作性强

绝大多数的果酱画，只是用果酱画曲线，调配一下颜色即可（如直线、曲线、折线、S线、交叉线等），稍复杂点的可以画些花瓣、树叶、竹叶等，非常简单易学，不需要什么美术功底，其实大多数厨师稍加练习就可以上手操作，简单实用就好，不必追求高难复杂，为菜肴创新拓展了空间。画果酱画，一般是根据菜肴的颜色和形状选择酱汁，确定构图，再根据个人的技术水平和熟练程度选择图形，可繁可简，灵活多变，成本低廉，这也是果酱画盘饰最大的优点。

2. 果酱画常用的技法

（1）抹：用手指蘸一点酱汁，然后在盘中画出各种形状，优点是方便、省事，色彩上的深浅变化能表现出写意画的风格特点，适合于画鱼虾、禽鸟、花卉等。

（2）点：将酱汁挤在盘中呈小的圆点或块的方法，常用于画梅花、树叶、脚印、葡萄及其他果实等。

（3）淋：将酱汁淋在盘中的指定位置，呈点状或线条状。

3. 设计果酱画的要点

设计果酱画，首先要以菜肴为基础，根据菜肴的颜色、形状、数量多少而定。果酱设计构图不能死搬硬套。先说色，如菜肴的颜色较浅（如白色、浅黄色、浅绿色等），则可选择黑色、紫色、棕色等颜色的果酱；如果菜肴的颜色较深（如红色、棕色、黑色等），则应选黄色、橙色、绿色等颜色的果酱，使菜肴与果酱的颜色之间有较为明显的对比，不顺色。根据菜肴的形状设计果酱画的内容，常用的果酱画实例如下。

实例一：梅花盘饰

所用原料：巧克力酱、草莓酱、绿果酱。

制作方法：

（1）在盘子一角用巧克力酱画出梅花的枝干，用草莓酱画出梅花，如图 8.21 所示。

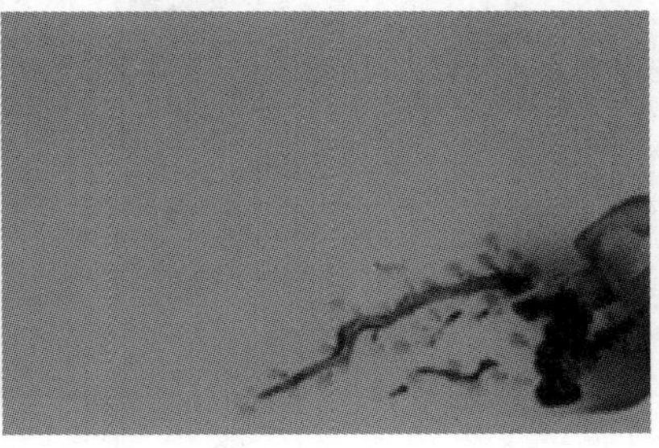

图 8.21　梅花盘饰（一）

（2）用绿果酱在盘子另一角画出山脉的形状，如图 8.22 所示。

图 8.22　梅花盘饰（二）

（3）最后用巧克力酱将盘饰的名称写上，如图 8.23 所示。

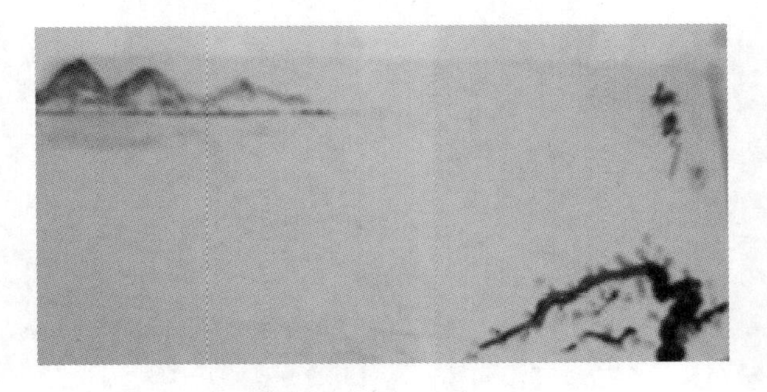

图 8.23　梅花盘饰（三）

实例二：翠鸟盘饰

所用原料：巧克力酱、草莓酱、绿果酱。

制作方法：

（1）用巧克力酱在盘子一侧画出翠鸟的头部，如图 8.24 所示。

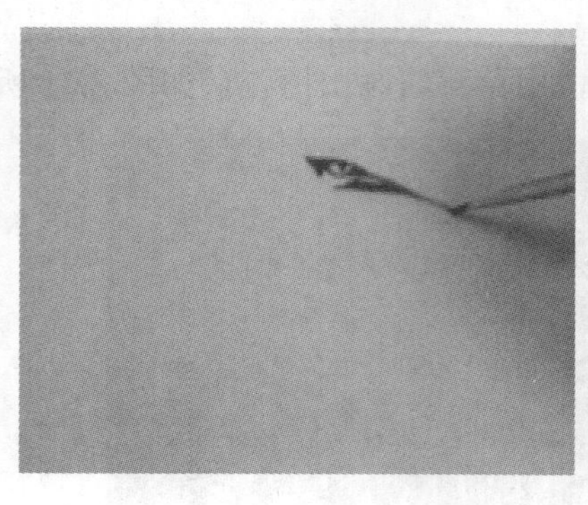
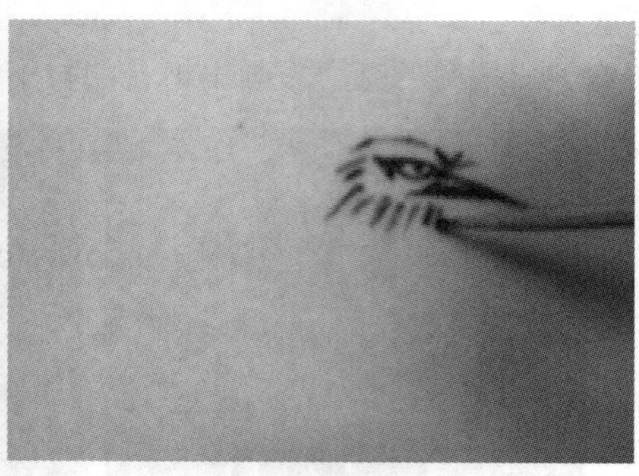

图 8.24　翠鸟盘饰（一）

（2）在头部下方滴两滴巧克力酱，用手指画出翠鸟的腹部、背部，用牙签画出翠鸟的爪子，如图 8.25 所示。

图 8.25　翠鸟盘饰（二）

（3）用巧克力酱画出芦苇，再用草莓酱和绿果酱配色，如图 8.26 所示。

图 8.26　翠鸟盘饰（三）

实例三：虾趣盘饰

所用原料：巧克力酱。

制作方法：

（1）用牙签蘸巧克力酱画出虾尾，如图 8.27 所示。

图 8.27　虾趣盘饰（一）

（2）用手指蘸巧克力酱画出虾的身体，用果酱壶画出虾头、虾须，如图 8.28 所示。

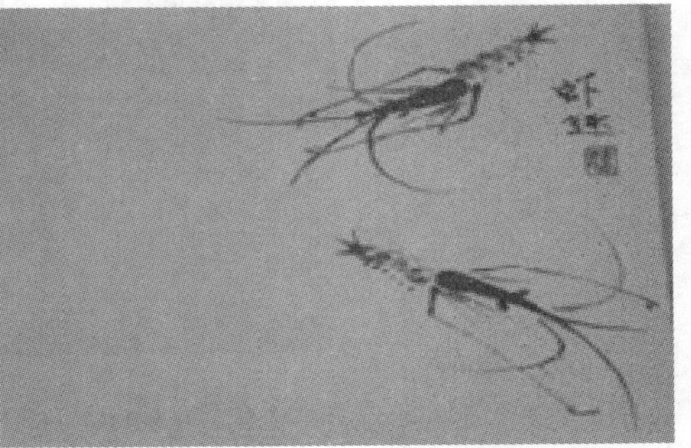

图 8.28　虾趣盘饰（二）

实例四：竹子盘饰

所用原料：巧克力酱、草莓酱。

制作方法：

（1）用巧克力酱画出竹子的主干，用牙签画出竹子的细枝，如图 8.29 所示。

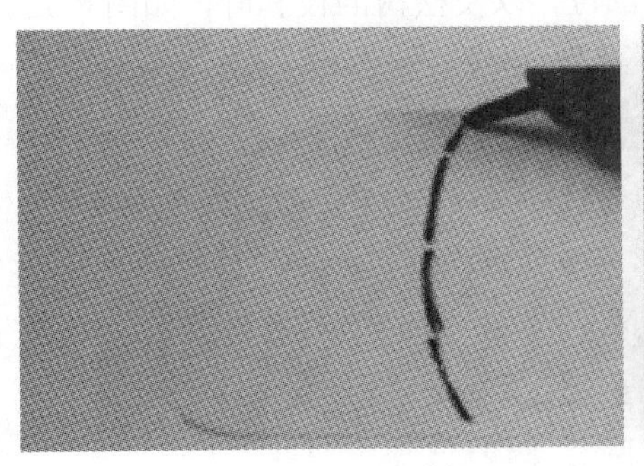
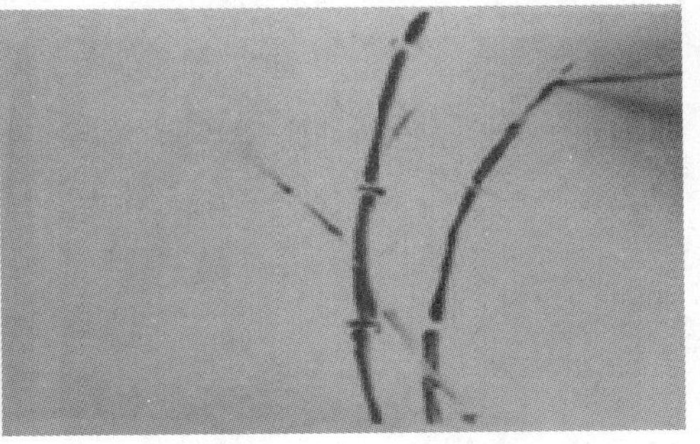

图 8.29　竹子盘饰（一）

（2）用果酱壶将巧克力酱滴在主干的两侧，用细牙签画出竹叶，如图 8.30 所示。

图 8.30　竹子盘饰（二）

（3）用草莓酱绘制成图章形状即成，如图 8.31 所示。

图 8.31　竹子盘饰（三）

实例五：雄鹰盘饰

所用原料：巧克力酱、绿果酱、草莓酱。

制作方法：

（1）将巧克力酱滴在盘子的一侧，用手指画出鹰的头部，再用细牙签画出鹰身体的轮廓。

（2）用巧克力酱画出鹰的翅膀、尾巴、腿等部位，以及松树的枝和叶，如图 8.32 所示。

图 8.32　雄鹰盘饰（一）

（3）用绿果酱将树叶画成绿色，最后用草莓酱绘制成图章即可，如图 8.33 所示。

图 8.33　雄鹰盘饰（二）

实例六：骏马盘饰

所用原料：巧克力酱、绿果酱、草莓酱。

制作方法：

（1）用巧克力酱画出马的头和颈部，如图 8.34 所示。

（2）用巧克力酱画出马的肩部和前腿，如图 8.35 所示。

图 8.34　骏马盘饰（一）　　图 8.35　骏马盘饰（二）

（3）用巧克力酱画出马的身体、后腿、尾巴，如图 8.36 所示。

图 8.36　骏马盘饰（三）

（4）用绿果酱画出马蹄下的石块，再用草莓酱绘制出图章即可，如图 8.37 所示。

图 8.37 骏马盘饰（四）

实例七：公鸡盘饰

所用原料：巧克力酱、草莓酱、绿果酱、黄果酱。

制作方法：

（1）用细牙签蘸巧克力酱画出公鸡的头部和身体，如图 8.38 所示。

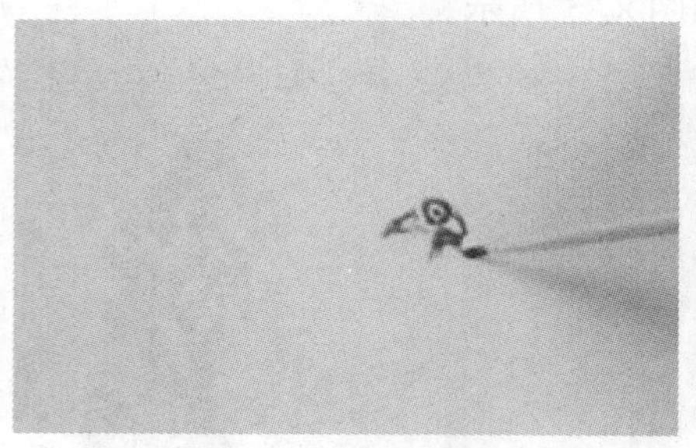

图 8.38 公鸡盘饰（一）

（2）用手指画出公鸡的翅膀、腿、爪、尾巴，如图 8.39 所示。

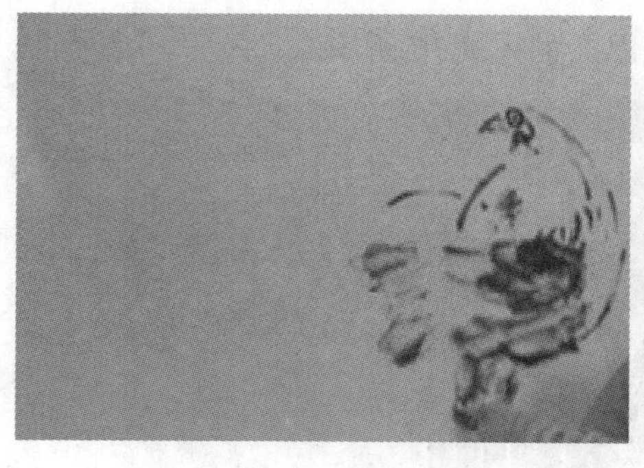

图 8.39 公鸡盘饰（二）

（3）用草莓酱画出公鸡的冠，再用绿果酱、草莓酱、黄果酱画出树枝和公鸡爪下的石块，如图 8.40 所示。

图 8.40　公鸡盘饰（三）

8.2.6　模具喷粉盘饰

模具喷粉盘饰是把镂空的模板平放在盘子上，将色香粉（制作蛋糕时用的一种原料）喷在模板图案处，轻轻取下模板，一幅漂亮的图画就留在了盘子上。其制作方法非常简单，主要考虑色彩的搭配，展示图案如图 8.41 所示。

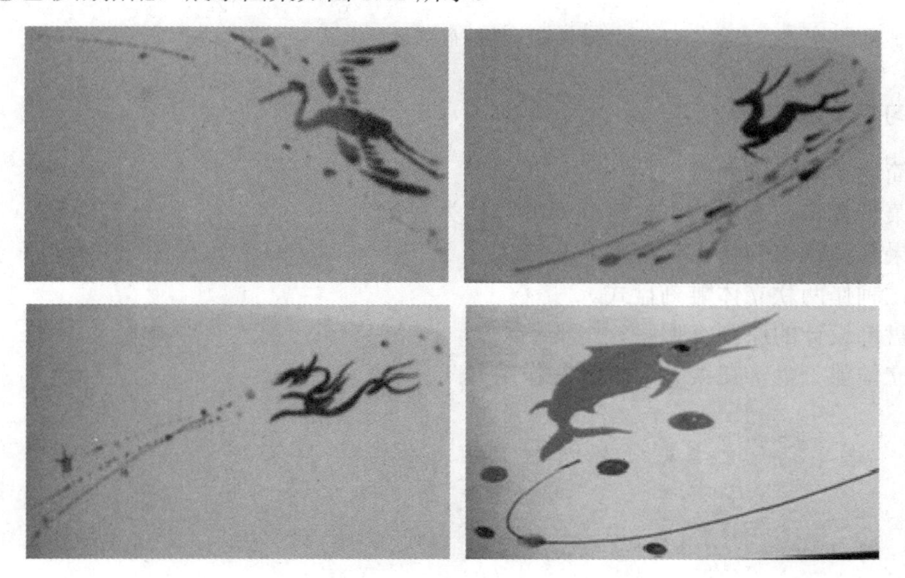

图 8.41　模具喷粉盘饰

8.2.7　其他盘饰设计

现在很多盘饰爱好者在不断钻研创新，把干果、鲜嫩的花草、水果等，结合传统盘饰的模式，根据现实菜点的点缀应用，创造出很多流行的创意盘饰。作品如图 8.42 所示。

图 8.42　其他盘饰设计作品

复习思考题

1．简述菜肴盘饰的概念。
2．菜肴盘饰按选用的原料可分为哪几种类型？
3．果酱画盘饰的特点有哪些？
4．试制作两款立体雕刻盘式。
5．盘饰设计的原则有哪些？
6．立体雕刻盘饰在菜肴中有哪些作用？

第9章 餐饮成本核算知识

9.1 成本概述

9.1.1 成本

成本属价值范畴，是用价值表现生产中的耗损。广义的成本是指企业为生产各种产品而支出的各项耗费之和，包括企业在生产过程中原材料、燃料、动力的消耗，劳动报酬的支出，固定资产的损耗等。

成本可以综合反映企业的管理质量，如企业劳动生产率的高低，原材料使用是否合理，产品质量的好坏，企业生产经营管理水平的高低等。很多因素都能通过成本直接或间接地反映出来。

成本是企业竞争的主要手段。在市场经济条件下，企业的竞争主要是价格与质量的竞争，而价格的竞争归根到底是成本的竞争。在毛利率稳定的条件下，只有低成本才能创造更多的利润。

成本可以为企业经营决策提供重要数据。在现代企业中，成本愈来愈成为企业管理者投资决策、技术决策、经营决策的重要依据。

9.1.2 餐饮成本

餐饮成本是指餐饮企业出售产品和服务的支出，即餐饮销售收入减去利润的所有支出。由于餐饮企业具有集生产、销售、服务于一体的行业特点，在厨房范围内很难逐一精确计算菜点的所有支出，因此，在厨房范围内菜点的成本只计算直接体现在菜点中的消耗，即构成菜点的原材料耗费之和，包括原料的主料、配料和调料，而生产菜点过程中的其他耗费，如水、电、燃料的消耗，劳动报酬，固定资产折旧等都作为费用处理。这些费用由餐饮企业会计另设科目分别核算，在厨房范围内一般不进行具体计算。

成本是制定菜点价格的重要依据，价格是价值的货币表现。产品价格的确定应以价值作为基础，成本则是用价值表现的生产耗费，所以，菜点中原材料耗费是确定产品价值的基础，是制定菜点价格的重要依据。

餐饮业成本具有变动成本比重大、成本泄露点多等特点。

9.1.3 成本核算

成本核算是餐饮市场激烈竞争的客观要求，是餐饮成本控制的必要手段。加强餐饮企业成本核算，最大限度地降低餐饮成本，尽可能为顾客提供超值服务，已成为企业经营管理的核心目标和任务。

企业管理者对产品生产中各项生产费用的支出和产品成本的形成进行核算，就是产品的成本核算。在厨房范围内，主要是对耗用原材料成本的核算，包括记账、算账、分析、比较的核算过程，以计算各类产品的单位成本和总成本。单位成本是指每个菜点单位所具有的成本，如元/份、元/千克、元/盘等。总成本是指单位成本的总和，或某种、某类、某批或全部菜点成品在某核算期间的成本之和。

成本核算的过程既是对菜点实际加工制作耗费的反映，也是对实际支出的控制过程，是整个成本管理工作的重要环节。

1. 成本核算的任务

（1）精确地计算各个单位菜点的成本，为合理确定菜点的销售价格奠定基础。

（2）促使各加工制作、经营部门不断提高技术和经营服务水平，加强技工制作管理，严格按照所核实的成本耗用原料，保证产品质量。

（3）揭示单位成本提高或降低的原因，指出降低成本的途径，改善经营管理，提高企业经济效益。

2. 成本核算的意义

（1）正确执行物价政策。

（2）维护消费者的利益。

（3）为国家提供积累。

（4）促进企业改善经营管理。

3. 保证成本核算工作顺利进行的基本条件

（1）建立和健全菜点的用料定额标准，保证加工制作的基本尺度。

（2）建立和健全菜点加工制作的原始记录，保证全面反映加工制作状态。

（3）建立和健全计量体系，保证实测值的准确。

4. 餐饮成本核算方法

餐饮成本核算的方法，一般是按厨房实际领用的原材料计算已售出产品耗用的原材料成本。核算期则根据餐饮企业实际需要，有的企业每月计算一次，有的企业除成本月报外，还要进行日成本核算和成本日报，以便于及时检查经营情况。

成本核算的具体计算方法：如果厨房领用的原材料当月用完而无剩余，领用的原材料金额就是单月菜点的成本。如果有余料，在计算成本时应进行盘点，并从领用的原材料中减去余料，求出当月实际耗用原材料的成本，即采用“以存计耗”倒求成本的方法。计算公式为

本月耗用原材料成本＝厨房原料月初结存额＋本月领用额－月末盘存额

例 9-1 某厨房进行本月原料月末盘存，其结果剩余 580 元原料成本。已知此厨房本月共领用原料成本 2600 元，上月末结存罐头等原料成本 460 元，此厨房本月实际消耗原料成本是多少？

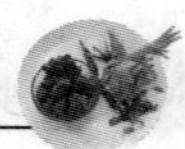

解：　　本月实际耗料成本＝上月结存额＋本月领用额－月末盘存额

＝460＋2600－580

＝2480（元）

答：此厨房本月实际消耗原料成本为 2480 元。

9.2　出材率与损耗率

9.2.1　出材率

1. 出材率的概念

出材率是表示原材料利用程度的指标，是指原材料加工后可用部分的质量（净质量）与加工前原材料总质量（毛质量）的比率。

出材率的类似名称很多，烹饪行业经常使用的名称有净料率、熟品率、生料率、拆卸率、涨发率等。在实际工作中，可以按具体加工情况适当命名，如对于苹果的去皮加工就可以用净料率来表示，由加工变熟料的原料加工可以用熟品率来表示。出材率具有概括性，它不管加工程度如何，都是对加工前后的质量变化而言的，因此，凡是表示原料加工前后质量变化的比率都可以统称出材率。

2. 出材率的计算公式

出材率的计算公式为

出材率（%）＝加工后可用原料质量/加工前全部原料质量×100%

例 9-2　苹果 2500 克，经加工得苹果皮、核共 450 克，求苹果的出材率。

解：　　加工后可用苹果质量＝2500－450＝2050（克）

苹果出材率＝2050/2500×100%＝82%

答：苹果的出材率为 82%。

例 9-3　干木耳 200 克，经涨发的水发木耳 0.75 千克，求木耳的涨发率。

解：　　木耳涨发率＝0.75/0.2×100%＝375%

答：木耳涨发率为 375%。

3. 影响出材率的因素

原材料的规格、质量和原材料的处理技术是影响出材率高低的两大因素。在两大因素中，如果有一个因素有变化则出材率就发生变化。例如，同一品种、同一规格、质量的原料，由于处理者的技术水平不同，出材率也会发生变化。

4. 出材率的应用

（1）根据加工前原料质量，运用出材率，可预测原料加工后的质量。其计算公式为

加工后原料质量＝加工前原料质量×出材率

例 9-4　某种原料 2.5 千克，加工时净料率为 80%，此原料加工后应得到多少净料?

解： 加工后原料质量＝2.5×0.8＝2（千克）

答：此原料经加工应得到2千克的净料。

（2）根据菜点用料的需要，运用出材率，可预测需要采购或准备的原料的质量。其计算公式为

加工前原料质量＝加工后原料质量/出材率

例9-5 某厨房做某菜点10份，其中每份用主料0.3千克，已知此主料的出材率为80%，在正常情况下，制作10份此菜点需要准备多少主料？

解： 需要的主料质量＝（0.3/0.8）×10＝3.75（千克）

答：需要准备3.75千克的主料。

（3）根据加工前原料进货价格及出材率，可计算加工后原料的单位成本。其计算公式为

加工后原料单位成本＝加工前原料单位进价/出材率

例9-6 已知某原料购进价为每千克12元，经加工其出材率为60%，求加工后此料的单位成本。

解： 加工后原料单位成本＝12/0.6＝20（元/千克）

答：加工后原料单位成本为每千克20元。

（4）检验加工处理水平，鉴定原材料质量。由于出材率与原材料品质、加工方法和操作人员技术水平有着密切的关系，因此，通过原料出材率情况，在原料品质相同、加工方法统一时，可以考核操作人员的加工技术水平。当操作人员的加工处理水平稳定在标准水平时，可以判断原料的品质。

9.2.2 损耗率

损耗率与净料率相对应，是指原料在加工处理后损耗的原料质量与加工前原料质量的比率。其计算公式为

损耗率（%）＝加工后原料损耗质量/加工前原料质量×100%

其中，加工后原料损耗质量是加工前原料全部质量与加工后原料净重之差，用公式可表示为

加工后原料损耗质量＝加工前原料总质量－加工后原料质量

加工后原料损耗质量＝加工前原料总质量－加工后原料净质量

9.2.3 出材率与损耗率的关系

出材率与损耗率之和为100%，可用公式表示为

出材率＋损耗率＝100%

例9-7 某厨房购进某原料5千克经加工损耗率为10%，试求此料的净料质量。

解： 净料率＝100%－10%＝90%

净料质量＝5×90%＝4.5（千克）

答：此料的净料质量为4.5千克。

9.3　原材料成本计算

原材料成本是菜点成本的重要内容。因此，计算菜点成本，必须首先计算菜点原材料成本。原材料在使用过程中，如果并不需要初步加工，直接配制菜点，这时原料成本就是其进价成本。如果需要初步加工，则必须在符合下述两个基本条件下进行计算：第一，原材料加工前后的质量必须发生变化，即加工前原材料质量不等于加工后原材料的质量。第二，加工前原材料的进货价格等于加工后原材料或半成品成本。对于后者，要进行菜点的成本计算，必须首先对菜点进行进料的单位成本计算。

进料是指直接配制菜点的原材料，包括经加工配制为成品的原材料和购进的半成品原材料。净料单位成本的计算方法大致有以下两种。

9.3.1　生料的单位成本计算

由于生料加工后下脚料的处理情况不同，计算生料单位成本的方法有以下 4 种。

（1）加工前是一种生料，加工后还是一种生料或半成品，且下脚料无作价价款时，加工后生料单位成本为加工前生料的进货总值除以加工后生料的质量，计算公式为

加工后生科单位成本＝加工前生科进货总值/加工后生科质量

例 9-8　某厨房购入胡萝卜 8 千克，进货价格为 1.6 元/千克。去皮后得到净胡萝卜 6.5 千克，求净胡萝卜的单位成本。

解：　　净胡萝卜单位成本＝（1.6×8）/6.5≈1.97（元/千克）

答：净胡萝卜的单位成本为 1.97 元/千克。

（2）加工前是一种生料，加工后还是一种生料或半成品，但下脚料有作价价款时，其生料单位成本的计算方法：先从加工前生料总值中扣除下脚料的作价部分，然后除以加工后生料质量，计算公式为

加工后生料单位成本＝（加工前生料总值－下脚料作价价款）/加工后生料质量

例 9-9　购整鸡 2.6 千克，每千克单价为 12.4 元。经加工的鸡肉 1.8 千克，下脚料翅、爪、内脏等另作他用，作价 4.8 元，求鸡肉的单位成本。

解：　　鸡肉单位成本＝（12.4×2.6－4.8）/1.8≈15.24（元/千克）

答：鸡肉的单位成本为 15.24 元/千克。

（3）加工前是一种生料，加工后是若干档生料或半成品。这种情况下，生料单位成本的计算有以下 3 种方法。

① 如果加工后所有生料的成本都是从来没有计算过的，则首先根据这些生料的质量逐一确定它的单位成本，然后使各档生料成本之和等于进货总值。

② 如果有些加工后生料的单位成本是已知的，有些是未知的，应首先把已知的那部分成本算出来，并从毛料的进货总值中扣除，然后针对未知成本的加工后生料，逐一确定其单位成本。

③ 如果只有一种加工后生料的单位成本需要测算，其他生料单位成本都是已知的，可

先把已知成本的生料总成本算出来，从毛料的进货总值中扣除，然后计算未知成本生料的单位成本，计算公式为

加工后待求生料单位成本＝（加工前生料总值－加工后各档生料作价价款总和）/加工后待求生料质量

例 9-10 活鸡 1 只重 2.5 千克，每千克 7.6 元，经过宰杀、洗涤的生光鸡 1.75 千克，准备取肉分档使用，其鸡脯占 20%，鸡腿和其他部位占 40%，作价 12 元/千克；其他下脚料等占 40%，作价 8 元/千克，求鸡脯的单位成本。

解：鸡脯单位成本＝［7.6×2.5－（1.75×40%×12＋1.75×40%×8）］/（1.75×20%）

＝［19－（8.4＋5.6）］/0.35

≈14.29（元/千克）

答：鸡脯的单位成本为 14.29 元/千克。

（4）用成本系数法计算生料成本。加工后生料单位成本等于成本系数乘以生料购进价，计算公式为

加工后生料单位成本＝成本系数×生料购进价

成本系数是指生料加工后单位成本与加工前单位成本的比值，计算公式为

成本系数＝加工后生料单位成本/加工前生料单位成本

用成本系数法计算加工后生料成本，只适用于出材率相同的食品生料。

例 9-11 某生料购进成本为 8.2 元/千克，经加工后其成本为 13.5 元/千克，试计算此原料的成本系数。

解：成本系数＝13.5/8.2≈1.65

答：此生料的成本系数为 1.65。

例 9-12 已知某生料的成本系数为 1.8，现购进同质量的生料 5 千克，进价为 16 元/千克，加工后此生料的单位成本应为多少？

解：加工后原料单位成本＝16×1.8＝28.8（元/千克）

答：加工后此生料单位成本为 28.8 元/千克。

9.3.2 半成品（熟品）的单位成本计算

半成品是经过初步熟处理或调味搅拌、腌制的各种生料的净料。根据在加工过程中是否耗用了调味品，可分为无味半成品和调味半成品。

1. 无味半成品成本的计算

无味半成品单位成本的计算公式为

无味半成品单位成本＝生料总值/无味半成品（熟品）质量

例 9-13 某生料 5 千克，已知此料进价 13 元/千克，煮熟得熟料 3 千克，求此熟料的单位成本。

解：熟料单位成本＝13×5÷3≈21.67（元/千克）

答：此熟料的单位成本为 21.67 元/千克。

2. 调味半成品成本的计算

调味半成品成本由生料成本和调味成本两部分构成。调味半成品单位成本的计算公式为

调味半成品单位成本＝（生料总值＋调味品总值）/调味半成品（熟品）质量

例 9-14　某料 5 千克，已知进价 15 元/千克，经加工得净生料 4.9 千克，用香料、调料（成本共计 4 元）腌制后，熟制得熟料 4.5 千克，求每 100 克此熟料的成本。

解：熟料每 100 克成本＝（15×5）/（4.5×10）≈1.67（元）

答：此熟料每 100 克的成本为 1.67 元。

净料成本是在净料单位成本基础上的成本之和。净料成本的计算公式为

进料成本＝净料单位成本×净料质量

9.4　成品成本计算

9.4.1　单位成品的成本计算

单位菜点的成本，是指构成单一菜肴、点心所耗用的主料成本、配料成本和调味品成本之和。由于菜肴、点心的加工有批量制作和单件制作两种类型，因此成品的成本计算方法也相应地有两种。

1. 批量制作菜点的成本计算

批量制作的菜点，由于单位菜点的用料、规格、质量完全一致，因此计算成本时，一般先求出每批菜点的总成本，然后根据这批菜点的数量，求出单位菜点的平均成本。其计算公式为

单位菜点成本＝本批菜点所耗用的原料总成本/菜点数量

本批菜点所耗用原料总成本＝本批菜点所用主料成本＋配料成本＋调味品成本

例 9-15　炸面包圈 20 个，用面粉 750 克（进价 2.8 元/千克），生菜油 250 克（单位成本为 9.6 元/千克），调味成本共计 3.3 元，求面包圈的单位成本。

解：　面包圈单位成本＝（2.8×0.75＋9.6×0.25＋3.3）/20

＝7.8/20

＝0.39（元）

答：面包圈的单位成本为每个 0.39 元。

2. 单件制作菜点的成本计算

单件制作的菜点成本计算方法：首先逐一求出单件菜点所耗用的各种原料成本，相加即为单一菜点成本。其计算公式为

单一菜点成本＝单一菜点所用的主料成本＋配料成本＋调味品成本

例 9-16　某厨师制作蛋糕坯 1 个，用鸡蛋 500 克（每千克 6.4 元），白糖 250 克（每千克 6 元），面粉 250 克（每千克 2.4 元），其他配料成本 2 元。求此蛋糕坯的成本。

解：

$$\begin{aligned}蛋糕坯成本&=6.4\times0.5+6\times0.25+2.4\times0.25+2\\&=3.2+1.5+0.6+2\\&=7.3（元）\end{aligned}$$

答：此蛋糕坯成本为7.3元。

9.4.2 菜点总成本的计算

菜点总成本是菜点单位成本的总和。其计算公式为

菜点总成本＝菜点单位成本×菜点数量

菜点总成本＝菜点的主料成本＋配料成本＋调料成本

例9-17 制作某菜肴需3种原料，其中A原料成本12元，B原料300克（已知此料进价16元/千克，熟品率为60%），C原料400克（成本24元/千克）。试求此菜肴的成本。

解：

（1）分别计算各原料成本：

A原料成本＝12元

B原料成本＝16×0.3/0.6＝8（元）

C原料成本＝24×0.4＝9.6（元）

（2）计算菜肴总成本：

菜肴总成本＝12＋8＋9.6＝29.6（元）

答：此菜肴总成本为29.6元。

9.5 菜点价格的计算

9.5.1 价格构成的特殊性

菜点生产过程也是餐饮企业生产、销售、服务的过程。所以，菜点价格的构成从理论上讲应当包括菜点从加工制作到消费的全部费用和各个环节的利润、税金，即菜点价格应是菜点原料成本、加工制作经营费用、利润和税金4个部分之和。但是各种菜点在加工和销售过程中，除原料成本以外，其他经营费用，如员工工资，水、电、燃料的消耗等很难按各种菜点的实际消耗确切计算。所以，长期以来人们在核定菜点价格时，只将原料成本作为计算餐饮产品价格的重要因素。因此，菜点价格通常可表示为

菜点价格=原料成本+加工制作经营费用+利润+税金

或

菜点价格=原料成本+毛利

9.5.2 价格的制定方法

餐饮企业制定价格的方法有多种，如随行就市法、系数定价法、毛利率法、主要成本率法、本量利综合分析定价法等，在厨房范围内以前三者较多见。

1. 随行就市法

随行就市法在实践中经常使用，是制定价格最简单的方法。它把竞争同行的菜点价格为己所用。

2. 系数定价法

系数定价法是以成本为出发点的定价方法。

3. 毛利率法

毛利率法是以菜点的毛利率为基数的定价方法。

9.5.3　产品定价程序

1. 判断市场需求

在市场调查的基础上，掌握消费者对菜点价格的接受程度，判定菜点的市场需求。

2. 确定定价目标

在保持菜点价格和市场需求最佳适应性的基础上，确定定价目标，使菜点的价格达到既能使客人接受，又能使企业获得利润的目的。

3. 预测菜点成本

确定价格目标后，分析菜点成本、费用水平，为制定菜点价格提供依据。

4. 分析同行价格

价格是企业开展市场竞争的重要手段，应在分析同行同一档次、同种规格和同类菜点价格的基础上，选择自己的定价策略。

5. 制定毛利率标准

菜点价格是根据菜点成本和毛利率来制定的。毛利率的高低直接决定价格水平。因此，在确定菜点价格前必须确定合理的分类毛利率和综合毛利率标准。

分类毛利率是某一类餐饮菜点的毛利额与菜点销售价格或原料成本的比率。综合毛利率是某一等级、某种类型的企业餐饮菜点的平均毛利率。

6. 选择定价方法

菜点价格目标不同，定价方法也不一样。常见的有以成本为中心、以利润为中心和以竞争为中心的方法，企业应结合自己菜点的定价目标，选择具体的定价方法。

9.5.4 毛利率

1. 毛利率的概念

毛利率是毛利与某些指标之间的比率。餐饮企业常用的指标是成品销售价格和成品的原料成本。以这两个指标定义的毛利率称为销售毛利率和成本毛利率。

销售毛利率又称内扣毛利率，是菜点毛利额与菜点销售价格之间的比率。其计算公式为

销售毛利率＝菜点毛利额/菜点销售价格×100%

例 9-18 某菜点 1 份，成本为 28 元，销售价格为 50 元，该菜点的销售毛利率应是多少？

解： 菜点毛利额＝50－28＝22（元）

销售毛利率＝22/50×100%＝44%

答：此菜点的销售毛利率为 44%。

根据价格构成公式，成本毛利率的计算公式为

成本毛利率＝菜点毛利额/菜点成本×100%

例 9-19 一份柠檬排的成本为 10.4 元，销售价格为 22.8 元，计算菜点毛利额与菜点成本之间的比率。

解： 柠檬排毛利额＝22.8－10.4＝12.4（元）

成本毛利率＝12.4/10.4×100%≈119.23%

答：柠檬排的成本毛利率为 119.23%。

2. 毛利率的换算

在菜点的销售价格和耗材成本一致的情况下，销售毛利率与成本毛利率之间的换算公式为

成本毛利率＝销售毛利率/（1－销售毛利率）×100%

销售毛利率＝成本毛利率/（1＋成本毛利率）×100%

例 9-20 某成品成本毛利率为 72%，在成品成本不变的条件下，其销售毛利率是多少？

解： 销售毛利率＝72%/（1＋72%）×100%＝41.86%

答：某成品的销售毛利率为 41.86%。

例 9-21 某成品的销售毛利率为 60%，在成品成本不变的条件下，其成本毛利率是多少？

解： 成本毛利率＝60%/（1－60%）×100%＝150%

答：某成品的成本毛利率是 150%。

3. 毛利率确定的一般原则

（1）凡与普通客人关系密切的一般产品，毛利率从低；宴会、名点名菜、风味独特的餐饮产品，毛利率从高。

（2）技术力量强、设备条件好、费用开支大、服务质量高、菜点用料名贵且质量好、货源紧张、菜点加工复杂且精细的，毛利率从高；反之，从低。

（3）团体或会议客人的餐饮产品，批量大，单位成本相应较低，毛利率从低。零散客人的餐饮产品，批量小，服务细致，单位成本高，毛利率应略高一些。

9.5.5 菜点价格的计算

1. 成本毛利法

成本毛利法又称外加法、加成率法，是以耗用原料成本作为基数定义的毛利率来计算的。其计算公式为

菜点销售价格＝菜点原料成本×（1＋成本毛利率）

例 9-22 某厨房做菜点 200 份，共用 A 料 2.5 千克（成本 30 元/千克）；B 料 1.5 千克（成本 80 元/千克）、C 料 0.75 千克（成本 60 元/千克）。若成本毛利率为 150%，求菜点的销售价格。

解： 菜点总成本＝30×2.5＋80×1.5＋60×0.75
＝75＋120＋45
＝240（元）

菜点单位成本＝240/200＝1.2（元/份）

菜点单位售价＝1.2×（1＋150%）＝3（元）

答：菜点的售价为每份 3 元。

2. 销售毛利率法

销售毛利率法又称为内扣法、毛利率法，是以销售价格为基数定义的毛利率来计算的。其计算公式为

菜点销售价格＝菜点原料成本/（1－销售毛利率）

例 9-23 某面点间制作豆沙包，用 500 克面粉做 20 个豆沙包皮子，用 300 克豆沙馅做 15 个馅心。已知面粉进价为 3 元/千克，豆沙馅进价为 6.8 元/千克，按销售毛利率 45%，求豆沙包的单位售价。

解： 豆沙包单位成本＝3×0.5/20+ 6.8×0.3/15
＝0.075＋0.136
≈0.21（元/个）

豆沙包单位售价＝0.21/（1－45%）≈0.38（元/个）

答：豆沙包的单位售价为 0.38 元。

例 9-24 某厨房制作某菜点，用 A 净料 200 克，已知此料的毛料进价 12.6 元/千克，净料率 90%；B 料 25 克，进价 12 元/千克；C 料 30 克，进价 4 元/千克；D 料 75 克，进价 10 元/千克；其他用料 0.8 元。按销售毛利率 60%，求该菜点的售价。

解： 该菜成本＝12.6×0.2÷90%＋12×0.025＋4×0.03＋10×0.075＋0.8
＝2.8＋0.3＋0.12＋0.75＋0.8
＝4.77（元）

该菜售价＝4.77/（1－60%）≈11.9（元）

答：该菜售价为 11.9 元。

3. 系数定价法

系数定价法是以菜点原料成本乘以定价系数计算价格的方法。其中，定价系数是计划菜点成本率的倒数（成本率是菜点原料成本与销售价格的比率，即成本率=菜点原料成本/销售价格×100%）。例如，某菜点计划成本率为50%，那么定价系数为1/50%，即2。用公式可表示为

售价＝菜点成本×定价系数

例9-25 已知一块奶油蛋糕成本为3元，计划成本率为50%，求此蛋糕的售价。

解： 售价＝3×1/50%＝3×2＝6（元）

答：此蛋糕的售价是6元。

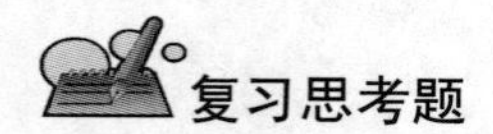

复习思考题

1．成本核算的目的是什么？
2．成本核算有哪些意义？
3．保证成本核算工作顺利进行的基本条件是什么
4．出材率的概念是什么？
5．什么是损耗率？
6．什么是毛利率？
7．毛利率确定的一般原则是什么？
8．单位成品的成本应怎么计算？
9．什么是成本毛利法和销售毛利率法？

第 10 章 餐饮企业的经营模式与服务程序

10.1 餐厅开业前的市场调查

餐厅开业前的市场调查主要涉及目标市场地理环境、行业环境分析、市场分析三个方面。

10.1.1 目标市场地理环境

（1）市场地理特点：区域的地貌特征、政治区域、城市的中心地带等方面的具体状况。
（2）气候条件与风土人情：气候条件与消费者的饮食习惯有着极大的潜在关系。

10.1.2 行业环境分析

1. 目标市场主要经济指标

（1）企业所在市场当年的地区生产总值及历年经济数据。
（2）该市场的投资状况。
（3）对餐饮市场影响较大的旅游方面数据，特别是一年来接待的游客数量，呈发展趋势还是衰退趋势。
（4）把当地城镇居民人均可支配收入、全市职工平均工资、供餐饮消费的收入比重等作为餐厅定价的参考依据。
（5）全市人口统计数量，包括非农业人口及农业人口数量，用来预测餐厅的客流量及该地区居民的消费水平和消费能力。
（6）消费者受教育水平。
（7）消费者生活方式、饮食偏好习惯。
（8）消费者人均收入水平。

2. 产业环境

（1）商业繁盛情况。
（2）商业化趋势与潜力。
（3）地方政府优惠、扶持政策，包括消防、治安、文化、工商、卫生防疫等政策。

3. 社会环境

（1）当地风俗习惯。
（2）历史文化。
（3）民族结构。

（4）国际交往，主要食品原料生产、流通情况。

10.1.3 市场分析

1. 经济指标

经济指标分析包括当地餐饮企业经营状况、实力排行，所有制形式及所占的比重，营业网点数量，从业人员数量，等等。

2. 目标市场的餐饮业经营现状

（1）企业数量与竞争能力（是否已形成规模竞争）。
（2）经营管理水平。
（3）经营档次。
（4）菜系地位。

3. 竞争对手分析

（1）传统型竞争者现状：数目、业绩水平、营业额、利润统计分析；成功原因，如管理水平先进、服务优秀、社会环境条件优越等；失败原因，如菜品出问题、运行机制故障等。
（2）传统型竞争者优势：传统优势，经营规模优势，位置优势，主打菜品优势。
（3）新兴高档餐饮经营者：经营何种菜系，菜系取向是否平民化、贵族化等；经营地段，如位于哪一区段，装修的风格特点及选用装饰物件；经营状况，如营业额、营业利润、就餐人数、订餐数等；经营规模，如店面面积、可容纳客人数量等。

4. 消费者分析

（1）该市场消费者饮食习惯、口味喜好、选择饮食偏好等。
（2）该市场消费者的消费特点，包括消费者的消费意识，是否喜欢到餐厅就餐，个人或家庭的消费比例如何，消费水平的高低。
（3）目标市场消费者分类：政府、军队、企业、家庭消费（含婚宴）、游客。

5. 在该地开店的优势策略

（1）竞争策略：市场最佳切入点。
（2）营销策略：宣传与客户认同；培育顾客偏爱；建立常客网络关系。

6. 选址优化方案说明

1）政府拆迁风险防范
（1）注意建筑物、街道的拆迁与重建，避免盲目上马建店。
（2）确定建店位置时务必向当地政府部门咨询并争取获得书面承诺。
（3）避免在有产权争议的地段建店。
（4）所有证照必须齐备并符合法律、政策规定。

2）本地商业状况

注意收集餐厅周围商业相关数据，并做出客观准确评估。

3）竞争性质评估

（1）提供同类食品、菜品服务的餐厅可能导致直接的恶性竞争。

（2）营业初期应避免直接的竞争。

4）规模与外观

（1）停车场与其他设施应有足够的规模。

（2）餐厅以正方形或长方形最好，其他除非空间大，否则不可取。

（3）要考虑未来消费者的可接受能力。

5）地价

（1）注意综合评估潜在价值与现实价值。

（2）不论市中心或城郊，关键看消费住户、流动人群的规模。

（3）考虑地价上涨是否会对营业投入、产出产生较大影响。

6）能源供应

（1）所有选址必须具备“三通”标准，即水、电、天然气三通。

（2）水的质量要好。

（3）经济核算要合理。

7）街道与交通

（1）是否是居民社区？

（2）是否是商业街通道？

（3）街道是否便于车辆通过和停车？

（4）是否便于旅游者来就餐？

8）旅游资源

根据游客的人数、类型选择合适的餐厅位置。

9）商业与娱乐区关联

（1）要考虑到购物中心、商业区、娱乐区的距离和方向。

（2）娱乐区距餐厅较近，能对餐厅的营销活动产生有利影响。

10）交通状况

（1）统计数据来源，如公路管理系统或政府机关。

（2）自己统计：以中午（周末）、晚上和周日为最佳时间做现场统计。

（3）注意考虑公共汽车乘客进餐的需求。

（4）注意行人与车辆流动数据的比较分析。

11）餐厅可见度

（1）餐厅是否明显可见，直接影响餐厅的吸引力。

（2）尽可能做到从每个角度都能通过眼睛获得餐厅的感性认识。

（3）以驾车或徒步的方式来做客观评估。

12）公共服务

（1）评估保安、防火、垃圾处理和其他所需的服务。

（2）评估服务设施的费用及质量。
（3）公共服务信息可从政府部门获得。
13）营业面积
（1）面积标准：800～5000 平方米，视具体情况而定。
（2）能充分满足就餐需要，具备充分容纳客人的能力。
（3）既不能拥挤，又不能空位太大，避免资源浪费。

10.2 餐饮企业的经营模式

人们的消费观念随着经济的发展、生活水平的提高在不断地发生着变化。在餐饮消费上，人们对进餐的方式与餐饮内容有了更高的要求。菜式一成不变，缺乏新鲜感，时间一长顾客就会另择所好。所以，餐厅不仅要有优质的服务，还要在菜肴上不断翻新花样，这样才能使顾客产生新的消费体验。

10.2.1 餐厅经营方式转变的原因

餐厅要想适应时代的发展，就必须转变经营方式。概括地说，促使餐厅改变经营方式的原因有以下两个方面：一方面来自消费者，另一方面来自竞争者。消费者方面主要表现在他们需求的变化上，而竞争者主要指近年来陆续进入中国市场的西式快餐。

1. 消费者要求餐厅改变经营方式

消费者是容易受影响、变化迅速的群体，短短十几年间，消费者的需求就经历了多次转变。这主要体现在就餐方式的改变和对菜品质量有了更高的要求这两个方面。

2. 西式快餐要求餐厅改变经营方式

改革开放给现代餐饮业带来了机遇，麦当劳、肯德基、必胜客等西式快餐不仅在食品品质上讲究营养丰富、美味可口，同时也给顾客提供优质的就餐服务。其用餐环境优雅整洁，餐品价格合理，普通大众可以接受，加之在餐饮经营方式上不断更新，适应了随着经济发展所带来的快节奏的生活方式。这些因素都迫使餐厅在经营方式上做出改变。

10.2.2 转变经营方式的途径

餐饮市场在经历了一个发展高峰期之后，如今已进入了平稳发展阶段。可以说，此时餐饮市场份额分配已经固定下来，采用传统经营方式难以刺激新的需求，即使采取降低价格、广告宣传等措施，也很难抢占大量市场份额，甚至会使餐厅面临更大的利润风险。因此，餐厅管理者要想提升现有市场份额，就必须有勇气向传统观念挑战，实行创新经营。只有这样，才有可能获得战略上的成功。转变经营方式的途径有以下几种。

1. 提高员工的创新能力

餐厅要想提升现有的市场份额，就必须在创新方面下功夫。只有做到人无我有，才能

赢得新顾客。创新的力量源泉来自员工，管理者应鼓励员工开发新产品，并力所能及地给予支持，使其最大限度地发挥自己的潜能，创造出适合顾客口味的菜肴，使餐厅在市场竞争中处于有利的位置。

2. 善于模仿

餐厅的经营创新有时候来自于其他经营成功的餐厅或者竞争对手的成功之处。

在模仿过程中，餐厅管理者应注意以下3点。

（1）不要只重形式，而忽视内容或精神实质。

（2）从本餐厅自身的实际情况出发，在模仿过程中形成自己的特色，以此来吸引更多的顾客。

（3）在模仿过程中要善于发挥自身优势，创造出与众不同的新产品。

3. 在追求目标的过程中不断创新

餐厅经营目标即餐厅的宗旨，明确且具有挑战性，能够激励餐厅员工在追求目标的过程中，以某种方式将目标转化为信念，而不断创新。餐厅经营目标必须根据餐厅的实际情况来制定，并随着时间的变化和出现的新问题做适时调整。

4. 向习惯挑战

人们在工作与生活中会形成一些不成文的规定，这些不成文的规定即为习惯。餐饮业作为传统性行业，在长期的发展过程中，养成了许多不科学的操作程序和经营思想。习惯势力是餐厅经营创新的主要障碍。那些在经营上有突出成绩的餐饮企业，往往被已有的成绩、声望所困扰，停止探索和试验，过去干得越出色，就越容易陷入已有的习惯做法之中，直到顾客渐渐远离餐厅时才开始醒悟，但为时已晚。人们常说“置之死地而后生”，但餐饮企业是经不起倒闭的。因此，要克服习惯势力就要进行经营创新。

10.2.3　现代餐厅经营方式

“洋快餐”进入中国市场，在给中国餐饮业带来机遇的同时，也带来了严峻的考验。如今，中国餐饮业的经营方式主要有以下几种。

1. 大众化经营

在众多的经营方式之中，大众化经营占主导地位，引导着餐饮业的发展。要做好大众化经营，首先必须结合餐厅自身特点，不断提高餐厅的管理、服务水平，以保证经营产品的质量；其次，应加大自己所经营产品的品牌宣传力度，增强品牌意识，强化特色，树立优质品牌；最后，应积极开发早点、快餐、小吃、家庭宴会、生日宴会及节假日市场，更新经营方式，从店堂走向社会和家庭，不断拓展经营领域，丰富和满足大众市场之需求。

大众化经营具有三个特征，即经济实惠、为大众所欢迎、易于被认识和接受。其中，经济实惠是大众化经营的基本特征，这与广大消费者的实际消费水平相适应。

大众化经营的目标包括以下 3 个方面。

（1）以物美价廉为主要特征的大众化经营方式要以扩大市场占有率、扩大销售量为目标。

（2）保证餐厅经济利益的获得，因为餐厅的最终目的是获得生存与发展。

（3）将提高餐厅的竞争力作为大众化经营的前提。

大众化经营给餐厅经营注入了活力，提供了新的发展机遇。因此，只有贴近百姓生活，尊重市场规律，不断完善自我，不断探索求新，才是大众化经营的实质和成功的保证。

2. 休闲式经营

随着近几年餐饮行业竞争的日益激烈及顾客在餐饮消费内容、形式、功能方面需求的日益复杂，餐厅经营难度大大增加了。通过与娱乐相结合的方式，丰富了餐厅经营的内容，使原本只具有饮食功能的餐厅，具有了社交功能、商业功能和娱乐功能。娱乐形式与餐厅经营相结合，在满足了顾客精神需求的同时，也给餐厅带来了可观的经济效益，同时也为社会的发展做出了一定的贡献，并为餐厅树立良好形象奠定了基础，从而受到了各方面的认可。

现阶段，二者的结合应注意以下几点。

（1）娱乐形式要同餐厅的经营风格、环境布置及目标顾客相协调，因为不同的顾客有不同的娱乐形式。

（2）餐厅的硬件设施必须适合娱乐活动的开展。

（3）娱乐形式与餐厅经营要分清层次，平衡发展。

（4）两者结合应遵循经济效益的原则。

3. 连锁经营方式

优胜劣汰，适者生存，这是社会发展的必然规律。对于本小利薄的中小型餐厅来说，要想参与市场竞争，在竞争中取得胜利，可以考虑走连锁化经营道路。

连锁经营是当今世界餐饮经营的一种潮流和趋势。连锁经营是指在本国或世界各地直接或间接地控制或拥有两家以上的餐厅，在平等自愿、互助互利、共同发展的原则下以相同的店名、店貌，统一的经营程序和管理，统一的操作程序和服务标准，通过规范化管理，实现集中购物、分散销售，从而取得规模经济效益的联合经营企业。

4. 快餐店

快餐店是最典型的便捷式经营方式，这种餐厅一般规模不大，菜谱也不复杂，服务标准统一。快餐店的最大优点就是服务快速方便，节省用餐时间。

快餐店的经营还具有以下几点特征。

（1）快餐店的菜单简洁明了，削弱了顾客对菜品的选择性，只提供有限的服务，如清理地面和桌椅。

（2）快餐店的食品制作区别于传统餐饮企业，通常类似工厂的机械化生产，制作成本较低。

（3）快餐店的新菜品不易被顾客接受。

（4）服务快捷高效，顾客进快餐店就会希望快速得到食品，既可在餐厅内食用，又可带出店外。

（5）人员工资较低，菜品价格便宜。

（6）装饰突出主题，当场的推销活动有助于创造气氛。

5. 其他经营方式

（1）无店铺经营方式。这种经营方式是指没有固定的就餐场所，只有流动的厨师、流动的美味佳肴，由专业厨师到顾客家中做饭烧菜。

（2）外卖式经营。为了适应现代餐饮业发展的需要，外卖式经营走出了只为高消费者服务的小天地，开辟了大众消费的新领域，有着非常好的发展前景。这种经营有许多种形式，如电话订餐、公司午餐、点菜带走等。

（3）超市式经营。这是一种目前颇受大众消费者欢迎的餐饮经营方式，结合了休闲式的餐饮操作和就餐方式。这种经营方式形成的是以“餐饮商品”为经营内容的超级市场，其基本特征是菜品陈列、超市自选、廉价销售、连锁经营。这种经营方式独特，餐饮布局采取透明化、开放式，一般分为进食区、操作区和就餐区。

10.3　中餐宴会的服务程序

我国宴会源于夏，兴于隋唐，盛于明清。宴会也叫筵席、酒席，是为了表示欢迎、答谢、祝贺、喜庆等举行的一种隆重的、正式的餐饮活动。宴会的特点有目的性强、规范化、重礼仪、档次多样、形式多样、服务质量要求高。宴会的种类，按规格可分为国宴、正式宴会、便宴、家宴等；按餐别可分为中餐宴会、西餐宴会、中西合餐宴会、酒会、冷餐会等；按礼仪可分为婚宴、寿宴、满月宴、周岁宴、欢迎宴、答谢宴、告别宴等。

中餐宴会服务可分为 6 个基本程序：①宴会预订；②宴会厅布局；③宴会前的准备工作；④宴会前的迎宾工作；⑤宴会中的就餐服务；⑥宴会结束工作。

10.3.1　宴会预订

宴会预订包括以下几项工作。

（1）接受预订。

（2）填写宴会预订单。

（3）填写宴会安排日记簿。

（4）签订宴会合同书。

（5）收取定金。

（6）跟踪查询。

（7）确认和通知。

（8）督促检查。

（9）取消预订。

（10）信息反馈并致谢。

（11）建立宴会预订档案。

10.3.2 宴会前的准备工作

宴会前的准备是必不可缺的步骤，准备工作做得是否充分直接影响到宴会的成败。宴会前的准备工作包括服务员对宴会情况的掌握、熟悉菜单、准备物品、铺设餐台及全面工作检查。各项准备工作环环相扣，紧密连接。只有充分做好宴会前的每一项准备工作，才有利于宴会顺利举行。

1. 宴会厅布局的原则

（1）中餐宴会台形布局原则（图 10.1）。

（2）中餐宴会一般采取“中心第一、先右后左、高近低远”的原则。

（3）主桌、主宾席区、讲台和表演台布局原则。

（4）工作台布局原则。

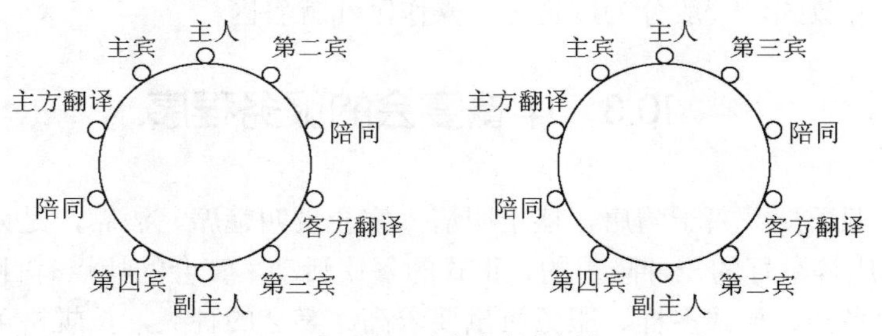

（a）10人正式宴会座次安排

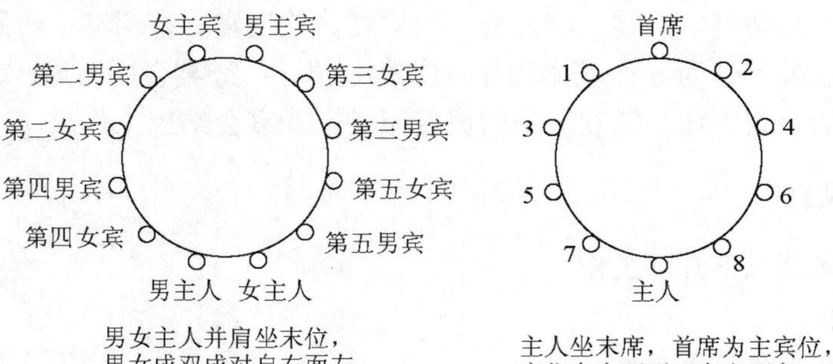

（b）婚宴、寿宴的座次安排

图 10.1 中餐宴会台形布局

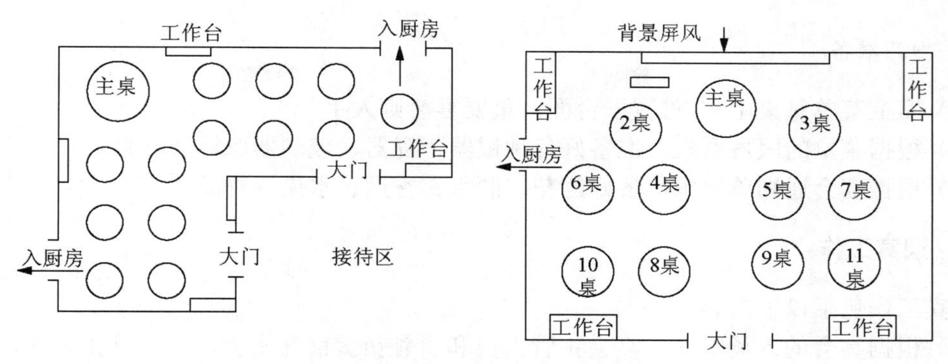

（c）中餐宴会台影布局

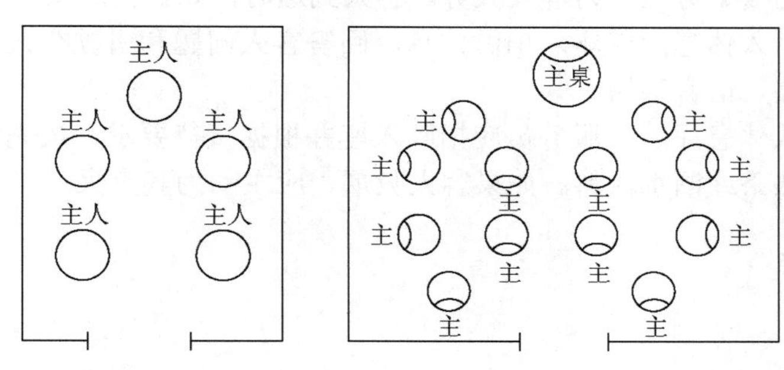

（d）大型中餐宴会座位安排

图 10.1　中餐宴会台形布局（续）

2. 掌握情况

接到宴会通知后，餐厅管理人员和服务员应做到“八知”“三了解”。

（1）八知：知台数、知人数、知宴会标准、知开餐时间、知菜式品种及出菜顺序、知主办单位或房号、知收费办法、知邀请对象。

（2）三了解：了解客人风俗习惯、了解客人生活忌讳、了解客人特殊需要。

3. 明确分工

（1）要根据宴会要求，迎宾、值台、传菜、供酒、衣帽间、贵宾室等岗位做好明确分工，下达具体任务，将责任落实到人。

（2）做好人力、物力的准备，要求所有服务员做到思想重视、措施落实，保证宴会圆满成功。

4. 熟悉菜单

（1）服务员应熟悉宴会菜单和主要菜点的风味特色，做好上菜、分菜和回答客人对菜点提出询问的准备。

（2）应了解每道菜点的服务程序，保证准确无误地进行服务。

5. 物品准备

（1）席上菜单每桌1～2份置于台面，重要宴会则人手一份。
（2）根据菜单的服务要求，准备好各种银器、瓷器、玻璃器皿等餐酒具。
（3）根据宴会通知单要求，备好鲜花、酒水、香烟、水果等物品。

10.3.3 迎宾工作

迎宾工作包括以下内容。

（1）根据宴会的入场时间，宴会主管人员和引领员提前在宴会厅门口迎接客人，值台员站在各自负责的餐桌旁准备为客人服务。客人到达时，要热情迎接，微笑问好。

（2）将客人引入休息间就座，稍做休息。回答客人问题和引领客人时注意用好服务敬语，做到态度和蔼，语言亲切。

（3）客人进入休息厅后，服务员应招呼入座并根据接待要求，按先宾后主、先女后男的次序上香巾、热茶或酒水饮料。如果客人吸烟，应主动为其点火。

10.3.4 就餐服务

1. 入席服务

（1）要求在开宴前5分钟斟好预备酒，然后站在各自服务的席台旁等候客人入席。
（2）在客人来到席前时，要面带笑容，引请客人入座。
（3）照顾好客人入座（拉椅服务）。
（4）引请客人入座同样按先宾后主、先女后男的次序进行。
（5）客人坐定后即可把台号、席位卡、花瓶或花插拿走。菜单放在主人面前，然后为客人取餐巾，将餐巾摊开后为客人围上，脱去筷套，斟倒酒水。

2. 斟酒服务

（1）为客人斟倒酒水时，应先征求客人意见，根据客人的要求斟倒各自喜欢的酒水饮料，一般酒水斟八分满即可。
（2）斟白酒前，如客人提出不需要，应将客人位前的空杯撤走。
（3）酒水要勤斟倒，客人杯中酒水只剩1/3时应及时添酒。斟酒时注意不要弄错了酒水。
（4）客人干杯和互相敬酒时，应迅速拿酒瓶准备为其添酒。
（5）主人和主宾讲话前，要注意观察每位客人杯中的酒水是否已满上。
（6）在主宾离席讲话时，主宾席的值台员要立即斟上红酒、白酒各一杯放在托盘中，托好站在讲台一侧等候。等致辞完毕后迅速端上，以回应客人的举杯祝酒。
（7）当主人或主宾到各台敬酒时，值台员应准备酒瓶跟着随时准备添酒，客人要求斟满酒杯时，应予以满足。

3. 上菜服务

（1）厨房出菜时应在菜盘上加盖，上菜时撤下菜盖。

（2）多台宴会上菜应看主台或听指挥，做到行动统一，以免出现早上、迟上、多上、少上的现象。

（3）正确选择上菜位置，服务员应站在副主人位的右手边进行上菜。

（4）每上一道新菜都要向客人介绍菜名和风味特点，并将菜盘放在转盘中央，凡是鸡、鸭、鱼等整体菜或椭圆形的大菜盘，在摆放时头的一边朝向正主位。

（5）上新菜前，先把旧菜拿走。如盘中还有分剩的菜，应征询客人是否需要添加或改为小盘盛装，在客人表示不再要时方可撤走。

（6）要主动、均匀地为客人分汤、派菜。分派时要掌握好菜的分量、件数。凡有作料的菜，在分派时要先蘸上作料再分到餐碟里，以先宾后主、先女后男的次序进行。

（7）旁桌分菜：在席上示菜后，到席旁的工作台上分菜，分好后再一一给客人送上餐位。

4. 撤换餐具

（1）重要宴会要求每道菜换一次骨碟，一般宴会的换碟次数不得少于 3 次。

（2）撤换餐碟时，要待客人将碟中食物吃完方可进行。如客人放下自己筷子而菜未吃完，应征得客人同意后才能撤换。

（3）撤换时，要边撤边换，撤与换交替进行。

（4）按先主后宾的顺序撤换，站在客人右侧操作。

5. 席间服务

（1）宴会进行中，服务员要勤巡视、勤斟酒、勤换烟灰缸。

（2）服务员要细心观察客人的表情及示意动作，主动提供服务。

（3）如果客人在席上弄翻了酒水杯具，要迅速用餐巾或香巾帮助客人清洁，并用干净餐巾盖上弄脏的部位，为客人换上新的杯具，然后重新斟上酒水。

10.3.5 结束工作

1. 结账

上菜完毕后，可清点所有酒水、香烟、佐料、加菜等宴会菜单以外的费用并累计总数，送收款处准备账单。结账时，现金现收。如果是签单、签卡或转账结算，应将账单交客人或宴会经办人签字后送收款处核实，及时送财务部入账结算。

2. 送别

当主人宣布宴会结束时，值台员要提醒客人带好随身物品。等客人起身离座后，主动为其拉开座椅，以方便客人离席行走，衣帽间的服务员根据取衣帽的号码，及时、准确地将衣帽拿给客人，目送客人至餐厅门口。

3. 检查

（1）在客人离席时，值台员要检查台面上是否有未熄灭的烟头，是否有遗忘的物品。

（2）在客人全部离去后立即清理台面。清理台面时，按餐巾—香巾—银器—酒水杯—瓷器—刀叉筷子的顺序分类收拾。贵重餐具要当场清点。

（3）各类开餐用具要按规定位置复位，重新摆放整齐。

（4）将餐桌重新布置恢复原样，以备下次使用。

（5）收尾工作做完后，领班要进行检查，待全部项目合格后方可离开。

复习思考题

1. 餐厅开业前的市场调查包括哪些方面？
2. 目标市场地理环境要具备哪些条件？
3. 现代餐厅经营有哪几种方式 ？
4. 宴会的种类有哪几种？
5. 中餐宴会服务可分为哪些基本程序？
6. 餐厅管理人员和服务员应做到哪些方面？

第 11 章　现代厨房管理

当今的餐饮市场，竞争异常激烈，餐饮行业的发展更是面临着巨大的机遇与挑战。餐饮企业该如何发展、该向何处发展，能否在市场竞争中站稳脚跟，扩大经营，形成风格，以及在市场经济的大风浪中主导沉浮，将是每一个餐饮企业必须考虑与探索的问题。餐饮企业由于其自身的特殊性，其经营效益的好坏，与服务品质和菜肴质量是密不可分的。因此，厨房是餐饮企业的核心，厨房管理水平直接决定了餐饮企业的菜品质量，以及能否形成自身的特色，对建立餐饮企业的品牌十分重要。

厨房是餐饮企业重要的战略阵地，现代厨房管理有别于传统管理，艺术性与科学性兼而有之，它协调性强，涉及面广，综合度大，协调企业活动，优化资源配置，使餐饮企业最终实现利润与企业价值最大化的双赢。

11.1　现代厨房管理的重点

11.1.1　明确管理流程

在管理之前，要对如何开展管理、孰轻孰重，做到心中有数，做好全面统筹、局部规划，这样开展工作才能得心应手、有的放矢。一言以蔽之，管理流程可概括为明确目标、边界界定、市场和竞争分析、产品定位分析、内部组织安排和外部协调。

（1）对于厨房管理而言，首先要回答的问题不是怎么管理，而是要明确管理的目的是什么。厨房管理的目标就是能够切实满足顾客需求，要本着“顾客是上帝”的宗旨，把顾客的需求作为贯穿厨房管理的生命线。

（2）边界界定是指定义厨房管理做些什么。边界有两种不同的延伸方向：纵向的和横向的。纵向边界是指厨房管理的范围及厨房从市场上进行的采购、配送等活动；横向边界是指厨房的辐射面有多广。

（3）市场和竞争分析就是必须对当前的市场环境、市场性质了然于胸，对竞争表现为积极应对。

（4）产品定位分析。在明确了市场与边界以后，就要对自己的产品做好定位，我们应该创造出一些什么样的菜肴，以及如何随着时间的推移做出调整以适应新的需求。

（5）内部组织安排和外部协调。内部组织安排指厨房里员工调度的安排，营造优质的工作环境和工作氛围等。外部协调则包括厨房与前厅、包厢、公关销售部等的良好接洽，以及后勤采购做到货源畅通和保障有力。厨师长作为餐饮部的主要管理人员，应熟悉前厅的各个工作环节，经常征询服务人员和宾客对菜肴的反馈意见，定期组织厨师与前厅服务员进行交流、沟通，促进餐厨间的了解、协作。厨师长还应经常与员工进行沟通，了解员工的思想波动，帮助他们建立起良好的人际关系。

11.1.2 顺应潮流，注重创新

随着经济的不断发展，人们的生活水平稳步提高，对物质的需求已发生了从“量”向“质”的转变，从单一的鸡鱼肉蛋向健康、营养、环保的方向转变，“绿色食品”被倡导得越来越多。我们必须看到这一点，要加快新菜开发的速度，在厨房管理上也要最快地顺应这个潮流，满足顾客需求。看不到这一点，厨房管理会缺乏生命力，最终餐厅将被市场经济的大浪所淹没。例如，花中城大酒店每月都会推出一批新菜，每个季节都会根据顾客的需求对时令菜进行调整，使顾客每次都有新鲜感，这是花中城大酒店经久不衰的原因之一。此外，针对商务用餐、婚庆宴请、会务等活动也创造相应的菜肴，全方位满足不同顾客的不同需求，做到人无我有、人有我全、人全我优。

11.1.3 重视品牌菜的打造

当今在各行各业，品牌效应已十分明显，品牌作为企业的一种无形资产，给企业带来的效益不可估量。而品牌菜是品牌餐饮企业生命的源泉。楼外楼的驰名与其“西湖醋鱼”“龙井虾仁”密不可分，“老鸭煲”对于张生记的成名更是功不可没，花中城大酒店的成名同样有其新派杭州菜的功劳，其打造的“稻草鸭”“浪花天香鱼”“翠绿大鲜鲍”在第二届中国美食节上被评为新杭州名菜，在为企业带来巨大经济效益的同时，提升了企业的知名度，得到了社会各界的认同和一致好评。所以，品牌是企业的血液和生命力的保证。

11.1.4 严格的管理制度和明确的业务要求

在厨房管理中必须严格管理制度，对厨房工作人员严格考勤、考绩，奖惩分明，并定期对员工专业技能水平进行评估和培训。制度在建立以后，应根据运作情况来逐步改善，如对员工的奖惩等较为敏感的规定应加以明确，界定清楚。避免制度流于形式，要在厨房中形成一种人人按章办事的氛围。业务要求方面，必须对菜肴有较高的烹饪技术和深入的研究，做到落刀成材，物尽其用，熟悉原料的进价与售价，并能够钻研和创新，创造出新的食品烹制方法、新的口味，要求每个员工树立“安全生产”观念，各部门把握好自己的责任区（包括原材料、卫生等）。

餐饮质量的管理，从某种意义上说决定着酒店的声誉和效益。厨房是餐饮的核心，厨房的管理是餐饮管理企业的重要组成部分。厨房的管理水平和出品质量，直接影响餐饮企业的特色、经营及效益。一个餐饮企业能否在市场竞争中站稳脚跟、扩大经营、形成风格，厨房管理是重中之重。

11.1.5 岗位分工合理明确

合理分工是保证厨房生产的前提。厨房应根据生产情况、设施、设备布局制定岗位，然后根据各岗位的职能及要求做出明确规定，形成文字，人手一份，让每个员工都清楚自己的职责，该完成什么工作，向谁负责，都要明白无误。

11.1.6　制度完善

好的制度可以给员工奋发向上、为企业出谋划策的积极进取精神，同时也抵制了员工的滥竽充数、坏作风和消极状态，便于管理。制度建立以后，为避免制度流于形式，应加强督查力度，可设置督查管理人员，协助厨师长落实、执行各项制度（管理员和员工比例可参照 1∶12），改正大多数厨房有安排、无落实的管理通病，确保日常工作严格按规定执行，使厨房工作重安排、严落实。厨房的规章制度是员工工作的指导，制定了岗位职责、规章制度、督查办法，在进一步加强对人员的管理时就有章可循了。

11.1.7　人员配备

在人、财、物的管理中，人是第一位的，只有配备高素质的人员，充分调动员工的积极性，使其具有精益求精的风尚与精神，才能使餐饮企业良好运作。现代厨房应转变传统观念里的只重技艺不重自身文化素养的弊病。要知道，技艺水平只能代表过去，有经验、乏理论的工匠是很难有所建树的，况且，在烟熏火燎的厨房里，如果人员素养不好，极容易滋生是非。诚然，厨房在选择员工时不能忽略技能基础，但更应该提高员工在文化修养方面的素质。只有拥有丰富的工作经验、扎实的技艺基础，结合有效的理论指导，再灌输经营者的理念，菜肴出品才能有所突破，形成风格，在日常工作、生活中也较容易沟通与协调。在工作中应针对个人特长，尽量做到人尽其才，培养造就一批既有技术又有责任感的厨师队伍。

11.1.8　成本管理

根据酒店经营的方向核定毛利率，给员工一个双赢的概念，是推动餐饮企业稳步发展的重要因素。建立有效的成本控制体系，将是餐饮企业盈利的有力保障。采购部门的管理，是成本控制的重要源头，应当建立严格的采购制度，严把验收关，对厨房的物品质量、价格、数量做好严格的记录，让采购和验收相互制约、相互监督。另外，厨师要做到对物资的物尽其用，坚决反对浪费原料，应本着粗料细做、细料精做的原则，对原料进行加工。在菜肴设计方面要多下功夫，中国有句俗话，叫作“良匠无弃材”，厨师要懂得如何综合利用原材料，减少辅料和边角料的浪费，这样才能控制成本的支出和利润的增长。具体可采取利用和外售的办法，将下脚料经过一定的工序制成宴席菜品，如制作手工菜、安排工作餐等。

11.1.9　部门协调

现今的厨房，除了保证出品供应，还必须与各相关部门协调好关系，以获取多方面的配合与支持，确保厨房顺利运作和获得良好的声誉，特别是前厅部、公关销售部、工程部等。厨房和前厅部的协调很重要，服务员对菜品要有一定的认识，能随时让顾客了解新菜品。厨房要树立整体观念，为酒店创一流的效益。

员工既要有“真诚、勤奋、团结、创新”的精神，还要有“质量第一、安全第一、卫生第一、团结协作第一”的思想。

现代厨房经营应是勤俭、创新、追求最佳服务的，而成为一名成功的厨房管理者必须具备丰富的工作经验、人事管理经验、公关技巧、市场学知识、财务知识及非凡的创造力。只有做到这些，厨房的管理才能有条不紊，酒店的事业才能蒸蒸日上。

11.2 厨房成本控制

有效控制厨房生产管理成本，对整个餐厅的利润提升有十分重要的意义，在原材料成本急剧上升、人力成本压力不断加大等多方面因素的影响下，控制成本已经成为餐饮业经营者最为迫切的需求。

11.2.1 影响厨房成本的因素

1. 原料进价变化过快

原材料没有固定稳定的供应商或货品来源，造成货品时好时坏或价格波动太大，使菜品的出品和菜单更新无所适从，直接影响销售。

2. 原料储存不善

“四害”、潮湿、霉变、过期等，以及领取的货品到使用现场中无人监管，不先进先出，没有统一收检。

3. 积压过期

一次性进货太多，或没有先进先出，或进货后又因不适用被搁置，也无人处理，缺乏对原材料从下单、审单、采购、验收、领用、非正常积压责任追究等一系列流程的规范管理。

4. 配份失误

员工工作过程中没有利用好配置工具，造成浪费。

5. 标准化生产不落实

同样的菜品和菜单，但配菜的主辅料分量不一，口味由厨师的心情决定，配菜的分量由“二厨”的喜好决定，没有明确的标准和流程，好与不好由厨师长说了算。

6. 生产损耗

菜品的出成率本来可以达到八成的，但人为原因导致只达到六成甚至更低；厨房设备设施用后该关的不关；冰箱可以整理后只使用一台，结果全都用上了但使用率不高。

7. 菜单定价不准

如果市场上其他餐厅的菜品都已上调价格，但本店菜单的定价没有适时调整；或者市场上菜品本来价格很正常，但本店菜单价格定得过高。

8. 销售与生产脱节

厨房新推了多个新菜，缺乏与前堂的充分沟通，前堂不知菜品的制作和特色，无法进行推销，点菜率低，最终导致新菜不新，特色不特色，不仅积压了过多研发新菜的材料，也浪费了研发成本。

9. 人力浪费和其他消耗增大

专人专岗的要求过于死板和教条，没能充分利用人力资源，没能针对最繁忙的时段和比较清闲的时段进行调整，造成人员在繁忙时段过后无所事事，既浪费人力，又影响员工士气和团结协作精神。

11.2.2　厨房成本控制方法

1. 实行成本控制责任制

厨房管理人员可以将毛利率指标落实到整个厨房，再将总目标分解到各个环节。各个环节之间和各环节内部交接班的沟通都要有书面记录，如初加工与切配、切配与灶台、灶台与传菜之间的原料成本传递都应有书面凭证。

2. 实行成本控制奖罚制度

为了加强菜点生产加工的成本控制，有必要建立成本控制奖罚制度，对成本控制不利的厨房管理人员和员工，都要根据其责任大小，相应地给予一定处罚。

同时，对主动找出菜点生产成本漏洞、提出改善生产成本控制措施的部门和个人应给予相应的奖励。

3. 定期盘点

厨房生产成本控制的难点在于环节上的不完整性，原因之一就是“有头无尾”，厨房即使编制了标准菜谱，每天都有总的销售额，却没有对每种菜肴的销售量和厨房剩余量的统计。为了解决该难题，必须加强统计工作，以便为成本控制提供详细的基础资料。

最简单有效的统计方法就是每天供餐结束后对食品原料进行盘点。有的厨房因为怕麻烦，往往缺乏这一环节。其实，这项工作只需配备一名核算员，建立食品成本日报分析制度，每天定期进行盘点，执行起来难度不大。

4. 定期核对实物与标准

每天对食品原料进行盘点是为了提供实际数据，将出库量减去盘点剩余量就是实际用量；将实际用量与标准用量进行比较，就能知道生产成本控制的效果了。

标准用量要根据标准菜谱来计算，即将每道菜肴的用料品种与数量除以该菜肴的销售量，这就是该菜肴的标准用量。标准用量与实际用量的差额就是食品生产成本控制的对象。

5. 全员控制法

厨房成本控制的目标是靠全体厨房员工的积极参与来实现的。厨房成本的形成体现在整个菜品加工的每一个环节，从原料的初加工、精加工、配份到打荷、烹调，与成本密切相关。菜点生产加工的成本控制不仅关系到企业当前的利益，而且决定着企业长期的稳定发展，与员工的切身利益息息相关。

11.3 厨房各岗位职责

11.3.1 行政总厨

行政总厨的岗位职责包括以下几个方面。

（1）制定厨房管理制度、服务标准、操作规程，制定各岗位职责，了解各岗位人员的技术水平和专长，合理安排工作岗位，确保厨房工作的正常运作。

（2）检查各厨房原料使用和库存情况，防止物资积压超过保质期，防止变质和短缺。制定原料采购计划，控制原料的进货质量。

（3）收集客人对食品质量的意见，了解餐厅经理、餐厅主管对市场行情的看法，不断研制、创制新菜式，推出时令菜式，制定各餐厅菜单和厨房菜谱，确定出品价格，控制成本费用，保持良好的毛利率。

（4）熟知全国各地区、各民族的饮食习惯、偏好和进餐方式。

（5）熟知货源存放保管、加工知识和技术，熟悉原材料种类、产地、特点、价格，熟悉时令品种，掌握货源供应质量、价格，能组织指挥各类宴会的菜肴制作，操办各种规模的大型或特大型宴会的食品出品。

（6）抓好设备设施的维修保养，确保各种设施处于完好状态，防止发生事故。检查各厨房设备运转情况和厨具的使用情况。严格执行消防操作规程，定期组织检查消防器具，做好防火安全工作。

（7）制定烹饪技术的培训计划，负责培训工作，有针对性地组织厨师外出学习，重视新知识、新技术的运用和推广，提高厨师的技艺，保持酒店的餐饮特色。负责对主要业务骨干的招聘，想办法引进有专长的技术人才。关心员工的工作和生活，及时提供必要的工作指导和帮助，切实调动员工的工作积极性。

（8）完成餐饮部总监布置的其他工作。

11.3.2 厨师长

厨师长的岗位职责包括以下几个方面。

（1）在行政总厨的领导下，协助制定厨房管理制度、服务标准、操作规程、各岗位职责，布置每日任务，合理安排工作岗位，确保厨房工作的正常运作。

（2）熟悉原材料种类、产地、特点、价格，熟悉时令品种，对原材料质量严格把关，拟定符合餐厅特色的宴会菜单和散点菜单，负责成本核算和毛利率控制工作。

（3）检查餐前准备工作，掌握原材料的消耗情况，确定紧急补单追加采购计划的申请。负责控制菜肴的分量和质量，检查操作规范，督促员工遵守操作程序。

（4）熟悉全国各地区、各民族的饮食习惯、偏好和进餐方式。

（5）熟知货源存放保管、加工知识和技术，精通一系列的烹饪技术，组织大型宴会、酒会的食品制作，合理调派人力和技术力量，巡视各岗位工作情况，统筹各个工作环节。

（6）收集客人对餐饮质量的意见，了解餐厅经理、餐厅主管对市场行情的看法。不断研制、创制新菜式，加强与楼面及有关部门之间的联系，搞好合作，处理重要投诉。

（7）检查厨房每日的卫生，检查厨房的出品质量，检查厨房设备运转情况和厨具、用具的使用情况，检查各种原料的使用和库存情况，防止物资积压超过保质期，防止变质和短缺。

（8）严格执行消防操作规程，定期组织检查消防器具，做好防火安全工作。抓好设备设施、工具用具的维护保养工作，防止发生事故。

（9）主持厨房日常工作会议，确保日常运作，不断提高出品质量，提高营业和利润水平。检查督促下属员工的岗位培训与业务进修，负责培训工作，提高厨师的技艺，保持酒店的餐饮特色。负责对下级厨师的招聘和考核，想办法引进有一定专长的技术人才。关心员工的工作和生活，及时提供必要的工作指导和帮助，切实调动员工的工作积极性。

（10）完成行政总厨、餐饮部经理布置的其他工作。

11.3.3　冷菜主管

冷菜主管的岗位职责包括以下几个方面。

（1）通晓冷菜加工过程，能按工艺工序要求，妥善安排工作细节，能推出新菜式，负责冷菜厨师的工作安排和工作细节指导。组织领用原材料，做好所有冷冻食品的准备工作，掌握冷菜生产质量要求和标准，有效地控制成本。

（2）熟悉原材料的产地、种类、特点，计划冷冻食品的成本，检查库存情况，确保用料充足、不浪费。根据订单，分派员工有条不紊地加工出品，保质保量。

（3）负责收集客人对冷菜的建议，不断改正提高自身素质，积极与各部门沟通。保证设施设备的正常运转，妥善处理突发事件。督导下属员工及时关闭水、电、气，保证厨房安全。

（4）检查员工的仪容仪表、个人卫生、环境卫生、食品卫生。关心员工的工作和生活，知人善用，有效督导，及时提供必要的工作指导和帮助，切实调动员工的工作积极性。

（5）准确传达上级的工作指令，完成厨师长布置的其他工作。

11.3.4　面点主管

面点主管的岗位职责包括以下几个方面。

（1）通晓面点的加工过程，能按工艺工序要求，妥善安排工作细节，能推出新面点；负责面点厨师的工作安排和工作细节指导，组织领用原材料，做好所有食品的准备工作；督导员工掌握面点的生产质量要求和标准，有效地控制成本。

（2）熟悉原材料的产地、种类、特点，计划面点食品的成本。检查库存情况，确保用料充足、不浪费，根据订单，分派员工有条不紊地加工出品，保质保量。

（3）负责收集客人对面点的建议，不断改正提高自身素质，积极与各部沟通。保证成品的卖相，确保成品的对路，保证设施设备的正常运转。督促下属员工及时关闭水、电、气，确保厨房安全，妥善处理突发事件。

（4）检查员工的仪容仪表、个人卫生、环境卫生、食品卫生。关心员工生活，知人善用，有效督导，及时提供必要的工作指导，切实地调动员工的工作积极性。

（5）准确传达上级的工作指令，完成厨师长布置的其他工作。

11.3.5 锅台主管

锅台主管的岗位职责包括以下几个方面。

（1）在厨师长的领导下负责烹饪各式菜肴，保证出品质量。协助制定锅台岗位职责、服务标准、操作程序，掌握本部门的员工业务水平及专长，合理安排工作岗位，确保锅台的正常工作。

（2）熟练掌握各种烹饪技术，帮助下属员工提高业务水平。协助制定餐厅菜单、出品价格，合理使用原材料，减少浪费，严格控制成本、费用，保持良好的毛利率。收集客人对菜品的建议，不断改进菜品口味、菜品质量。

（3）检查厨房原料的使用情况，防止物资积压超过保质期，防止变质或短缺，制定每月工作计划、原材料采购计划，控制原材料的进货质量，检查厨房的卫生情况，保证食品卫生、员工个人卫生、环境卫生，把好卫生质量关。检查设施设备的运转情况、厨房用具的使用情况，协助制定年度采购计划。

（4）负责对员工的培训，协助招聘业务骨干，全面提高厨房的出品质量。

（5）完成厨师长、行政总厨布置的其他工作。

11.3.6 砧板主管

砧板主管的岗位职责包括以下几个方面。

（1）在厨师长的领导下负责切配各式菜肴，保证菜品基础原料的标准供应，合理安排工作岗位，确定砧板的正常工作，保证出品质量。

（2）熟练掌握各种切配烹饪技术，掌握切配料及水果蔬菜的装饰艺术和技能。负责对员工的培训，帮助员工提高业务水平。协助制定餐厅菜单、出品价格，合理使用原材料，减少浪费，严格控制成本、费用，保持良好的毛利率。协助招聘业务骨干，全面提高厨房的出品质量。

（3）收集客人对菜品的建议，不断改进菜品质量。检查原料的卫生情况，保证食品卫生、员工个人卫生、环境卫生。检查下属员工是否按照操作规范工作。检查设施设备的运转情况、厨房用具的使用情况。协助制定年度采购计划。

（4）检查原料存储情况与使用情况，确保在下班时所有的食品存放好，防止物资积压超过保质期，防止原材料变质或短缺。制定每月工作计划、原材料采购计划，控制原材料的进货质量。

（5）完成厨师长、行政总厨布置的其他工作。

11.3.7　上什主管

上什主管的岗位职责包括以下几个方面。

（1）在厨师长的领导下负责泡发鲍鱼、鱼翅等高档食品，熟练掌握各种烹饪技术，熟悉蒸、煲、炖、煨等食品的制作工艺，帮助下属员工提高业务水平，组织大型、重要的宴会菜品出品。

（2）协助制定上什岗位职责、服务标准、操作程序，掌握各岗位的员工业务水平及专长，合理安排工作岗位，确保上什的正常工作。协助制定餐厅菜单、出品价格，合理使用原材料，减少浪费，严格控制成本、费用，保持良好的毛利率。

（3）检查厨房原料的使用情况，防止物资积压超过保质期，防止变质或短缺。制定每月工作计划、原材料采购计划，控制原料的进货质量。收集客人对菜品的建议，不断改进菜品口味、菜品质量。协助招聘业务骨干，全面提高厨房的出品质量。

（4）检查厨房的卫生情况，保证食品卫生、员工个人卫生、环境卫生，把好卫生质量关。检查设施设备的运转情况、厨房用具的使用情况。协助制定年度采购计划。

（5）负责对员工的培训工作，督导员工严格按照规程操作。定期对设施设备进行检查、保养。检查天然气开关、炉头、消防设备，做好防火工作。

（6）完成厨师长、行政总厨布置的其他工作。

11.3.8　打荷主管

打荷主管的岗位职责包括以下几个方面。

（1）督促员工提前为烹制好的菜肴准备适当的器皿，并保持整洁，配合锅台师傅出菜，保证菜肴整洁美观，按上菜和出菜顺序及时传送切配严格遵守食品卫生制度，杜绝变质菜肴，随时保持工作区域卫生和个人卫生。

（2）负责将消毒过的刀、墩、小料盒、抹布、盛器等用具放在打荷台上的固定位置，将干净筷子、擦盘子的干净毛巾放于打荷台的专用盘子内，所有用具、工具必须符合卫生标准，

（3）检查调料添置、料头切制、菜料传递、分派菜肴给“炉灶”烹调，配合锅台厨师添加、补充各种调料。辅助锅台厨师进行菜肴烹调前的预制加工，如菜料的上浆、挂糊、腌制，清汤、毛汤的调制，餐盘准备、盘饰、菜肴装盘，各种调味汁的配制等。

（4）开餐后，接到主配厨师传递过来的菜料，首先检查确认菜肴的名称、种类、烹调方法及桌号标识，是否清楚无误码，按主配厨师的传递顺序，将配好的或经过上浆、挂糊、腌制等处理的菜肴原料传递给锅台厨师烹调加工。在锅台厨师烹制菜肴的过程中，打荷厨师应根据菜肴的出品盛装要求，准备相应的菜料。如果接到催菜的信息，经核实该菜肴尚未开始烹调时，要立即协调锅台厨师优先进行烹调。

（5）对锅台厨师装盘完毕的菜肴进行质量检查，主要检查是否有明显的异物等，根据审美需求及菜式格调，对装盘的菜肴进行必要的点缀装饰。盘饰美化的原则是美观大方、恰到好处，以不破坏菜肴的整体美感为宜，并要确保菜肴的卫生安全。将烹制、盘饰完毕的菜肴经过严格的感官卫生检查，认为合格并确信无疑后，快速传递到备餐间，交给传菜

员。如果属于催要与更换的菜肴，应特别告知传菜员。

（6）检查厨房的卫生情况，保证食品卫生、员工个人卫生、环境卫生，把好卫生质量关。检查设施设备的运转情况、厨房用具的使用情况。协助制定年度采购计划。

（7）负责对员工的培训工作，督导员工严格按照规程操作，定期对设施设备进行检查、保养。检查天然气开关、炉头、消防设备，做好防火工作。

（8）完成厨师长、行政总厨布置的其他工作。

复习思考题

1．现代厨房管理为什么要重视品牌菜的打造？

2．影响厨房成本的因素有哪些？

3．行政总厨的职责是什么？